靛蓝的血：
BLUE
BLOODED

牛仔探寻者与牛仔文化
DENIM
HUNTERS AND
JEANS CULTURE

［丹］托马斯·斯泰厄·博耶尔
（Thomas Stege Bojer）

［英］乔什·西姆斯（Josh Sims）

著

张驰 / 译

刘芳 / 审校

重庆大学出版社

作者简介

托马斯·斯泰厄·博耶尔

Denimhunters 的创始人托马斯·斯泰厄·博耶尔是牛仔行业的一名市场营销专家，一位完美主义者，同时也是一个彻头彻尾的牛仔迷，他与妻子现居丹麦哥本哈根。

致谢

在此，我由衷地感谢所有为本书的成功出版给予过帮助的朋友，感谢 Candiani Denim 品牌的西蒙·朱利安尼（Simon Giuliani）提供的牛仔生产制造的相关专业知识，感谢艾伦·克鲁泽（Allan Kruse）分享的关于牛仔产业发展历程的相关史料，感谢克拉斯·达尔奎斯特（Klas Dahlquist）和安德鲁·奥拉（Andrew Olah）的热情支持与鼓励，感谢所有为本书提供有益的技术资料与历史材料的牛仔行业专业人士。感谢本书的合著者乔什·西姆斯的精诚合作，感谢 Gestalten 团队对本图书项目给予的极大信任与协助，让我得以做得更好。感谢多年以来一直为 Denimhunters 辛勤付出的朋友们，感谢亨里克·布伦德（Henrik Brund）为我们讲述了这么多牛仔服装背后的故事，感谢我的父母从不限制我穿牛仔裤。最后要特别感谢我可爱的妻子，感谢她毫无保留的爱与支持。

—— 托马斯·斯泰厄·博耶尔

乔什·西姆斯

乔什·西姆斯是一位驻伦敦的自由撰稿人、讲师及编辑。他为 *The Financial Times*、Wallpaper*、*The London Times*、*CNN*、*Wired* 以及 *The Rake* 等撰稿。此外他还是几本风格与设计类图书的作者，著作包括 *Icons of Men's style* 与 *The Details*（均由劳伦斯·金出版社出版），以及 *Scootermania*（由布鲁姆斯伯里出版社出版）。

致谢

感谢我的合著者托马斯的冷静，编辑瓦妮莎（Vanessa）事半功倍的工作效率，文字编辑凯文（Kevin）对我的文字的深刻锐评（本人勉强接受），图片编辑帕特里奇亚（Patrizia）的坚定意志。此外我还要感谢所有参与本书编撰出版的牛仔大师们，感谢所有对牛仔这种特殊布料拥有共同兴趣、爱好与激情的朋友们。

——乔什·西姆斯

特别感谢

奔达纺织集团为本书封面装帧提供的原色牛仔面料

PANTHER DENIM
CRAFTING BLUE SINCE 1996

特别感谢

玛丽亚·克拉恩（Maria Klähn）

与谢恩·勃兰登堡

（Shane Brandenburg）

靛蓝，在血液中流淌

INDIGO IN OUR VEINS

牛仔裤在很大程度上依赖田间的棉花与靛蓝的色彩，依赖织机嘎嘎作响的颤动，依赖经纱、纬纱，依赖斜纹交织。选用优选的未经处理的原色牛仔面料并用铜制撞钉加固的牛仔服装是最为理想的。牛仔面料，是生活中常用的一种与我们共存的面料，也将与我们一道随着时光的流逝逐渐褪色老去。本书将引导我们在这块织物的皱褶间抽丝剥茧，打开通往牛仔面料、牛仔裤、牛仔文化发展历史的大门，尤其是通往传统牛仔服饰文化的门户。

原色牛仔（raw denim，又称原牛，是原始的、没有经过水洗等工艺处理过的牛仔面料，即直接取用工厂生产出来的牛仔布卷制成的牛仔服饰），入门解药

原色牛仔（原牛）就像一粒红色药丸，它驱使许多人对自己所穿的一些衣物提出疑问：它们是怎样生产出来的？一个不容忽视的事实是，牛仔面料是制造出来的，是劳动力、工艺与技术结合的产物，是一种经过染色以及纺织而最终形成的织物。你可以触摸并感受到织物上的纱线、斜纹的纹理，还能看到这些原本是白色的纤维现在已被染成了蓝色。你很清楚那是靛蓝，因为它会褪色。

一条最终的成品牛仔裤并不是从商店的货架上瞬间长出来的，它有自身的来历，背后蕴含着不计其数的辛勤劳动与付出——它会在你身上逐渐消失，对，就是字面意义上的消失。用手搓揉原色牛仔面料，然后在水槽中冲洗，再看看水槽的白瓷砖上留下的蓝色水珠，那就是靛蓝，它会一直留在你的手上。这就是原色牛仔的作用——让人发现并感知事物的另一面。而这种靛蓝，此刻就在你的身体中，或者打个不太贴切的比方：流淌在你的血液里。

牛仔裤之所以成为传统时尚的载体，原因其实很简单：人人都穿牛仔裤。即便你穿旧了一条原色牛仔裤且已经磨到掉色，也不意味着事情告一段落，因为牛仔爱好者们还渴望得到更多：工艺精湛的鞋子、复刻版皮夹克、筒织T恤（注：Loopwheeled T-shirt是一种筒织针织T恤，是应用Loopwheel Machine，即吊挂式编织机，或简称为吊织机，编织而成的针织服装，其特性是柔软、透气且无合缝）、牛角框的眼镜、结实的公文包乃至脚上穿的针织袜，以遵循牛仔裤穿搭的"品质""正宗"以及"少即是多"的原则。此刻，时尚的大门已经敞开。

靛蓝铠甲

牛仔面料在保护我们身体的同时，也在向人们传达我们是谁。这一点与中世纪骑士们身上穿着的铠甲和佩戴的家族徽章类似，它们既向全世界表明穿着者的身份，又能保护他们免受敌人刀枪的伤害。对一部分人——骑摩托车的人、矿工、农场里的牛仔和野外探险家——同样具有保护身体免受伤害的作用以及象征性的隐喻意义，当然，对其他人来说也一样。它象征着一种与众不同的思维方式，能为我们提供保护，哪怕只是免受日常生活中可能遭遇的弹弓或弓箭一类的侵袭伤害。

但牛仔面料广受大众青睐的一个重要原因是，它有别于其他大多数的服装面料，你穿得越频繁、洗得越频繁，它就会变得越漂亮、越具个性特色——更富有自我风格。至此，它已然成为为个人量身打造的第二层皮肤。采用原色牛仔面料裁剪缝制的牛仔裤尤其如此，它能唤起一些相当强烈的情感。一些牛仔爱好者在日常穿着与清洗牛仔裤（或根本不洗）时，几乎遵循着一种宗教式的清规戒律，非但如此，他们还会向其他一些每周都洗牛仔裤的"野蛮异类"宣扬各种不成文的牛仔"圣经律法"，不过，此番狂热也在所难免，牛仔裤是为所有人而存在的。

如果牛仔服装真算是一种制服，那么只要人们愿意，谁都可以穿，它不独属于哪一个人，它具有很强的包容性。如果说紫色代表皇家贵胄，那么靛蓝则是属于平民的色彩，这就是社会各阶层——男人与女人，劳动者与知识分子——发现并选择牛仔裤的原因。他们凭着对牛仔面料质感及其色泽的满腔热爱而彼此联结在一起——一种对牛仔面料的生产工艺、触感、外观，以及它所承载的意义的热爱。

每个人在服装选择中都有机会去尝试不同的个性风格。我们选择原色牛仔、织边（selvedge）牛仔或传统服饰的时候，其实是在触碰自我的某一部分，而这一部分往往

早已迷失在这个即时满足、用完即弃、塑料制品泛滥成灾、快销时尚遍地与数字化点赞盛行的现代社会生活中。放缓步调，与生产工艺重建联系，钻研材料，回归物质本身：或许这才是传统时尚的意义所在。日常生活瞬息万变的速度与节奏无时无刻不在冲击着我们每一个人，所幸，我们还有靛蓝铠甲。

借鉴之物，蓝色之物，更是真实之物

传统牛仔服装的兴起改变了整个牛仔面料行业，本书将尽可能为读者提供一些与之相关的背景资料介绍与笔者本人的浅见拙识。为实现这一目标，我们追溯了牛仔服装的发展演变历程：它源于1945年以前的几十年里某些地区的人民为了应付一天的辛苦劳作而穿着的一种毫不起眼的地方性服装。到20世纪50年代，它开始转变为深受广大青少年喜爱的首选服装，并且在20世纪60年代发展成为一种反主流文化的标志与象征。本书描绘了20世纪70年代及80年代的设计师们天马行空的奇思妙想，以及预处理、工业洗涤等生产工艺的发明对推动牛仔服装进一步发展所产生的影响。此外，书中还探讨了为实现小批量、高品质牛仔服装手工生产制造回归本源的背后的努力。这种牛仔服装如今在全世界为人津津乐道，广受牛仔发烧友们的热烈追捧，他们四处搜寻、踊跃购买并积极穿着。

本书还精选了一系列牛仔品牌、标志性人物以及生产制造商，其共同充当了这一连锁反应的催化剂，携手共创传统时尚。

当然，本书也并非面面俱到，因为传统牛仔面料是小型工坊的产物，它总在不断变化，风格与态度也不尽相同。一些人钟情于它的历史沉淀，另一些人则更专注于时尚潮流，但有一点是共通的：他们都对牛仔服装的历史传统与未来潜力充满激情。如果你也是这样，那么请翻开这崭新的一页，本书愿为你打开一扇牛仔文化的探索之窗。■

目录
CONTENTS

牛仔面料是如何生产出来的

HOW DENIM IS MADE

　　牛仔裤生产制造的第一步是牛仔面料生产，它是一件服装的基础。每个生产环节都会极大地影响服装最终呈现的外观，进而影响消费者对它的感受。在牛仔裤成为时尚单品之前，它的功能性与耐久性是人们最重视的选购标准，这在很大程度上要归结于面料本身的特质，它的功能性与实用性比外观更重要。当牛仔面料逐步走向商业化并成为世界各地的消费者日常时尚穿搭的重要组成部分后，它的美观性开始变得比耐用性更为重要。纯手工牛仔面料的复兴回潮，让消费者再次对牛仔面料的生产制造方法提出了疑问。尽管耐久性与功能性对某些颇具影响力的牛仔鉴赏行家来说很重要，但更多的人可能仍然会优先考虑牛仔服装的美观性，而非耐用性。

棉:
牛仔之源
COTTON: THE BEGINNING OF ALL JEANS

棉是牛仔面料生产的基础,这种纯天然的植物纤维是整个服装产业不可或缺的一大支柱。但棉又绝不仅是棉花,这种全球性商品的地区差异会极大地影响到牛仔裤成品的外观、触感以及色落效果——这些特征在传统牛仔时尚中尤为重要。

↑ 棉花由棉桃上蓬松的白色绒毛构成。

吉米·克劳(Jimmy Crow)是土生土长的得克萨斯人,也是网络平台 Superfuture 的一位主持人,他比其他人更了解这种柔软蓬松的天然纤维对当地棉农的重要意义,也更了解它们最终会产出什么样的牛仔面料。克劳回忆道:"在我成长的 70 年代,每年秋季父亲都会带我和哥哥去罗克沃尔市的 Mercantile 商店购置新牛仔裤。我至今仍记得那家店里快要堆到天花板的满是尘土的旧帆布,上面写着'采用得克萨斯棉制成'。" 21 世纪初,他发现自己青少年时代穿过的牛仔裤再度流行起来,并且被一些日本品牌复刻,他便很快投身于传统牛仔面料文化的世界。"那些厚实粗重的牛仔裤仍然能唤起我对罗克沃尔广场上那家早已消失的商店的久远记忆,还有那块写着'得克萨斯棉'字样的老旧横幅招牌。我们都知道这个世界并不存在时光机,但在我心里,牛仔裤就是时光机。"

就其可用性、经济价值以及对环境的影响等方面而言,棉花可被称为全世界最重要的作物之一。它舒适、透气、结实、耐用,而且成品棉织物的视觉效果非常出众。全球每年售出 10 亿多条牛仔裤,每一条都以它为起点。这种古老的作物已被种植数千年,在此期间,它曾助力国家建设,也曾带来巨大的伤痛。在纺织工业推动的工业革命期间,棉花也发挥着至关重要的作用。这也是间接导致美国内战爆发的一个关键原因,因为棉花的种植依赖于奴隶。今天,棉花仍在持续影响着世界各地的经济,一旦棉花价格下跌,数以百万计的农民和企业将会因此受到影响。尽管如此,棉花并不是大众消费者通常会考虑的东西。

棉是一种产自棉花植物的天然纤维,这种植物的果实被称为棉桃,上面生长着蓬松的白色绒毛,这团蓬松的棉桃最终会变成你现在穿着的牛仔裤。虽然棉花最初只是一种野生作物,但在育种与基因科学的帮助下,如今它已经进化得更易于加工生产,产量也得到了大幅提升。棉桃的大小与无花果差不多,每颗棉桃平均含有约 50 万根棉纤维。每株棉花植物最多可以结出 100 来颗棉桃,一株棉花每季的棉产量为 300~350 克,这就意味着平均需要两株棉花的产量才能生产出一条五袋款牛仔裤(注: Five Pocket Jean,最常见的牛仔裤款式是后面有两个口袋,前面有两个口袋,右前口袋内有一个零钱袋)。对棉花的实际需求量取决于服装的尺寸以及牛仔面料的品类,如硬挺、弹力、丝光,或者兼而有之。根据棉花品种的不同,从播种到棉秆变干适宜采摘,平均需要 140 天。收获的棉花会在现场进行轧棉处理,以便将棉纤维与棉籽分离,之后再将其压缩成捆,重量约为 250 千克,一捆棉花足够产出大约 350 条牛仔裤。

棉花的
品种差异

棉花的品种丰富多样,不同品种的棉花的物理特性也各不相同,这些特性会影响牛仔面料的外观效果。非专业人士很难区分不同牛仔面料之间的棉质差异,尤其是未经过任何工序处理的原色牛仔面料。一旦你开始穿它,这些品质和特性就会逐渐显露出来。

棉花最重要的物理特性之一是纯植物纤维,且有长短之分。Candiani Denim 品牌的西蒙·朱利亚尼（Simon Giuliani）表示："棉纤维越长，就越适合生产高品质的棉纱。"牛仔裤生产最常用的是陆地棉，这种棉花属于短纤维棉，埃及吉萨棉、印度苏文棉、中国新疆棉则是特长绒棉（ELS）中的佼佼者。

牛仔面料专家保罗·梅尔曼（Paul Mailman）认为："由于生产牛仔面料使用的纱支较粗，因而没有必要苛求优质长绒棉。"一般来说，1 英寸（1 英寸 ≈ 2.54 厘米）的纤维长度就足够了。虽然他的观点并非放之四海而皆准，但短纤棉花价格一般都更低廉，品质也相对较低，这意味着它们通常更适用于大规模生产。

另一个重要的性能指标就是纤维的细度和成熟度，它是通过测量压缩棉的马克隆值（micronaire）来确定的。马克隆值较低的棉花容易导致生产过程中纱线产生疵点、容易断裂和更多的浪费。

此外，棉纤维的强度也是一个很重要的考虑因素，你需要了解纤维断裂前的最大承受值，而纤维断裂会影响纱线的强韧度，这是通过拉伸强度来测量的。

最后，棉纤维的原始色泽是区分不同批次棉花原料的重要依据，尤其是在织成织物之前尚未经过染色的情况下，这一点尤为重要。

棉花一旦完成收获并轧棉去籽后，它们会被压缩成 250 千克 / 捆的压缩包运往工厂。

都采用大型机械收割机采摘棉花，但还有一些国家，如津巴布韦，仍然依靠人工采摘。

不管棉花的品种和产地如何，关于棉花的问题似乎在于：消费者往往认为这一切都是理所当然的。很多人在选购服装的时候甚至完全没有考虑过这些，其中的原因倒也不难理解，因为这个问题比较复杂。最重要的是，很少有服装生产制造商会谈到它们所采用的棉花以及它对终端产品所起到的作用。似乎它们也认为这是理所当然的。相反，不少人将关注的焦点更多地放在了更直观的生产制造工序上，比如染色与纺织。但用于制成牛仔裤的棉也同样重要。■

诸如 Collect 这样的日本厂商非常青睐津巴布韦，因为它的纤维更长，而且是由人工采摘，能生产出手感更柔软的优质牛仔面料。

影响棉化品质的其他因素

棉花的品质还取决于它的生长地点、采摘收获方式，甚至是种植期的气候条件。如今，除南极洲以外，几乎所有的大陆都有种植棉花。这种植物的生长要求光照充足，在地球北纬 45 度和南纬 30 度之间的地区产量最高。牛仔面料行业的资深从业人士安德鲁·奥拉指出，中国、美国、印度和巴基斯坦是全世界最大的棉花种植国，这些国家提供了全球大部分牛仔裤生产所需的棉花原材料。值得注意的是，巴西、土耳其以及澳大利亚等国家也即将加入棉花种植大军的行列。

尽管棉花种植地之间会存在微不足道的差别，但随着牛仔鉴赏行家对这个话题表现出越来越浓厚的兴趣，一些误解也早已根深蒂固。例如，从技术角度看，津巴布韦种植的棉花并不一定被默认为会比美国等地出产的特长绒棉品质更高，安德鲁·奥拉如是说。它们具有相同的分子结构，差异之处在于采摘和加工方式。大多数发达国家目前

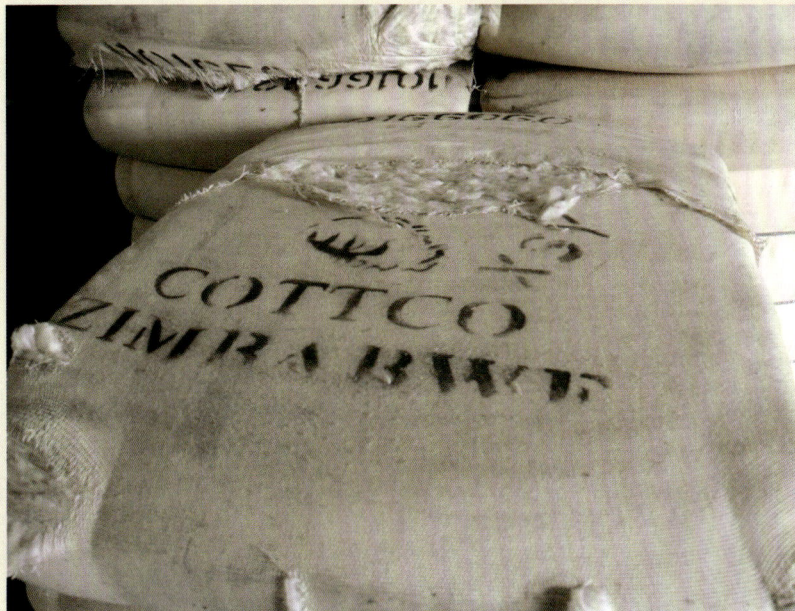

纺纱
SPINNING

棉花收获之后便进入了纺纱阶段。原棉纤维的纺纱工艺在很大程度上决定着最终成品的特性。牛仔面料的生产主要采用两种纺纱方法，每种方法对面料的外观、手感以及穿着感受等都会产生不同的影响。

◀ 这些从梳棉机里出来的柔软且连续不断的并排缠绕的棉纤维被称作"生棉条"。

纺纱的历史

纺纱是将棉纤维转化为纱线的生产工序，而纱线是面料纺织的原材料。在 18 世纪 40 年代之前，所有的纺纱作业都依靠纺织工人手工完成。得益于工业革命奠定的坚实基础，世界上第一台机械纺纱设备发明问世于 1738 年。纺纱史上的一个重大突破出现于 1779 年，即走锭纺纱机 (spinning mule) 的发明：一台承载有 1300 多个纱锭、长度可达 150 英尺（1 英尺 ≈ 30.48 厘米）的走锭纺纱机，通过缓慢地来回移动粗纱，间歇性地进行纺纱作业。直到 20 世纪初，它一直是最常用的纺纱机，结合了珍妮纺纱机的多锭系统，利用水力纺纱机 (water frame spinning machine) 上的一系列卷轴将棉花纤维抽取出来。尽管在 20 世纪初以前，走锭纺纱一直是最常见的纺纱技术，但环锭纺纱 (ring

spinning) 和自由端纺纱 (open-end spinning) 在牛仔面料生产中占据着主导地位。

自 1828 年环锭纺纱机在美国发明问世以来，直至 20 世纪 70 年代，它一直是牛仔面料生产中普遍使用的主要纺纱技术，这种老式的纺纱方法产出的纱线柔软结实，粗细不同，也正是这些特质界定了什么才是最正宗的牛仔面料。但从生产织造的角度来看，环锭纺纱的问题在于纺纱前针对原棉纤维的预处理工序较多。

首先，采摘机从压缩包中取出棉纤维，混合并清洗棉纤维以去除轧棉时残留的棉籽，然后梳棉机开始进行梳理过程，纤维落入两个布满金属针的差速旋转滚筒中，制出连续的条状半成品，即生棉条 / 生条。

之后将 6 根生棉条放入并条机，随着 3 个滚筒连续高速运转，生棉条被合并拉伸。根据设备与布局的不同，这道工序可能需要重复进行两次，这就意味着最终产出的棉条中将包含 36 条生棉条。这样做的目的是充分利用棉纤维的长度，从而提高纱线的强度与阻力。在此之前，环锭纺纱与自由端纺纱的预处理过程相同，但在环锭纺纱中，棉条随后还将被送入粗纱机中进行首次扭转加捻，再被送入牵伸系统，牵伸系统将纱线捻细，然后再通过旋转的锭子进一步加捻，称环锭加捻，即通过环锭钢丝圈旋转将纱线引入加捻成细纱线。随着环形导轨的上下运动，纱线被缠绕到被称为环管的线轴上，经过此道工序，纱线被卷绕成型，形成了独特且不规则的表面。

1963 年，捷克斯洛伐克发明的自由端纺纱又称转杯纺纱（rotor spinning，或称气流纺纱），与环锭纺纱相比，自由端纺纱的纱线价格要低得多，生产速度也快十倍，其中部分原因在于它不仅纺纱速度快，而且省去了并条和粗纱这两道工序。棉条被一股气流送进纺纱机，之后再进入旋转的分梳辊，通过高速回转产生的离心力将纤维分离成一股细流，其随着气流进入纺杯（又称转杯），并紧贴在纺杯最大内径处的 V 形凝聚槽中。一旦纺杯开始高速回转，加捻和纺纱便能实现。通过这种方法产出的纱线粗细更加均匀一致，由它制成的牛仔面料看上去更加平整均匀。并且，由于棉纤维并非沿平行方向纺纱，因此与环锭纺纱相比，自由端纺纱产出的纱线更毛绒蓬松，手感较粗硬。

20 世纪 70 年代初，许多牛仔面料制造商开始从环锭纺纱转向自由端纺纱技术，后者以其更低廉的生产成本和更快的生产速度等优势很快被确立为行业标准。加之纺织技术创新，此时的制造商已经拥有足够的产能来满足对牛仔面料的全部市场需求。自由端纺纱的问题在于，它产出的纱线缺失了环锭纱的某些特性，下面将就此展开讨论。从传统和原色牛仔面料织造角度来看，自由端纺纱生产的纱线——质感光滑且粗细均匀一致——是个问题。精细的纱线让牛仔裤的外观看上去平坦规整，毛糙不平的自由端纺纱对靛蓝染料的吸收力更强，最终难以产生高对比度的色落效果。除此以外，自由端纺纱技术无法生产弹力纱，这也是为什么当 20 世纪 80 年代弹力牛仔面料开始盛行时，诸如 Candiani Denim 一类的工厂又纷纷转投环锭纺纱的怀抱。如今，环锭纺纱再次赢得牛仔面料行业中的主导地位。

细纱的特性*

★ 细纱是纺纱生产的最后一道工序，主要包括牵伸、加捻和卷绕成形；将粗纱均匀拉长抽细到细纱所要求的支数，并加上适当的捻度，使成纱具有一定的强力、弹性和光泽等物理特性。

今天我们身上穿着的牛仔面料上的纱线都是经过专门设计的。纱线的粗细、质地，以及靛蓝染料渗透纱线的染色工艺，都是重要的指导方针，它们会向你展现面料的外观、手感与色落效果。每种面料的质感都是由纱线某方面的特性所决定的：纱支数、纱节以及捻度。纱线制造商可以通过对它们的控制来实现纱线设计。

纱支数（又称纱线支数）

纱支数（yarn count）表示的是纱线的粗细程度，以一定重量的纱线长度来衡量。纺纱行业通常采用英制棉纱支数，即 Ne，是由每磅纱线的纱绞数［每绞长度为 840 码（1 码 ≈ 0.91 米）］决定的。纱支数越高，表明纱线越细。用于牛仔面料生产的粗纱，其纱支数通常为 4~20Ne。相比之下，T 恤的纱支数一般为 20~40Ne，而精纺棉衬衫或缎面床单的纱支数可能就要高出很多，品质最出色的纱线支数通常为 200Ne 左右。

服装品牌和零售经销商一般都会强调其产品的纱支数，尽管它们通常使用不同的测量方法，但假如你见到一种织物面料被标为 7×7 或 6×6，那么你看到的就是纱支数，即垂直的靛蓝色经纱和水平的未染色纬纱的纱支数。而纱节（slubs，也常被称为"竹节 / 粗节"）则是牛仔发烧友们时常津津乐道的话题。

纱节 / 竹节 / 粗节

纱节指的是纱线的规整性。与牛仔面料的许多特性一样，纱节在当时通常被认为是不完美的。环锭纺纱天然的不规则性，会让靛蓝牛仔面料在磨损与洗涤后呈现出一种略显明亮色泽的垂直条纹，这是非常理想的视觉效果。假如没有明显的纱节，牛仔面料的质地就会平整，色落也会更均匀。最典型的例子就是 20 世纪 80 年代出产的一款 501 牛

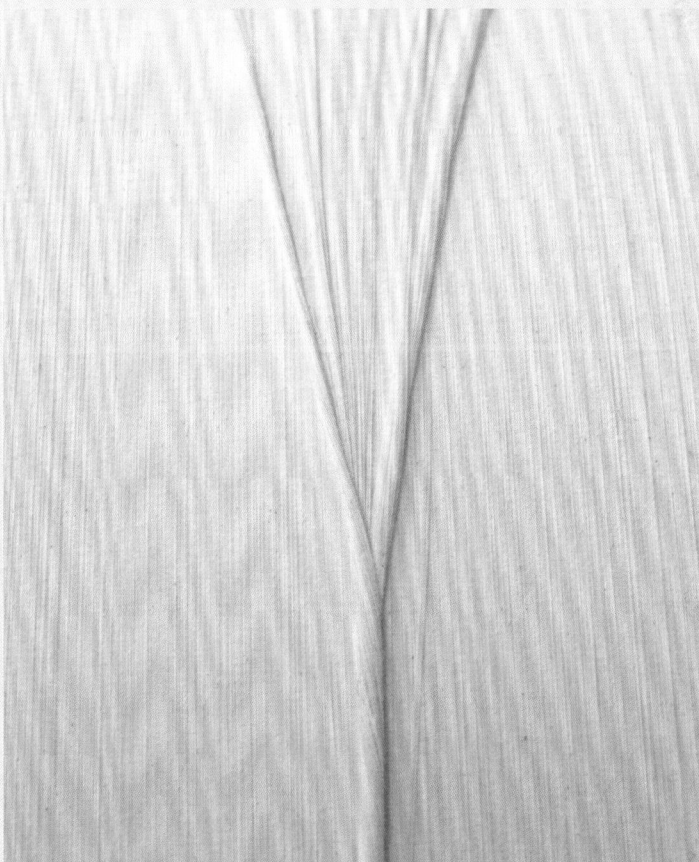

← 加捻是纺纱工序中最重要的环节之一。

← 纺纱工序完成后，诸如 Candiani 一类的纺织工厂会采用片纱染色，将棉纱平行排列并卷绕在经轴上进行染色。

➡ 在纺纱工序中，缠绕在纬纱管（或线轴）上的纱线。

仔裤，它便是采用自由端纺纱制成的。随着品牌和工厂逐渐意识到环锭纺纱的不规则性事实上会让产品更受市场青睐，于是，在 20 世纪 80 年代末，它们开始在自由端纺纱中引入模仿这些纱节的生产技术：在一定的固定间隔中特意加入纱节，从而使牛仔面料在其外观上呈现出随机的条纹效果，这样的纱线外观设计是行之有效的。日本人随后进一步促成了更加逼真的随机纱节效果，他们将纱节的间距从原来的几英寸变成了几码。正如安德鲁·奥拉所指出的，这是牛仔面料行业花了好几十年时间才弄明白的，而正是这个小窍门，改变了整个纺纱行业。

在环锭纺纱过程中，纱节是在环锭纺纱机上自然形成的，而这道工序是自由端纺纱所不具备的。确切地说，粗纱机细微的速度差异造成了纱线的不均匀性。尽管通过电子纱节装置可以在自由端纺纱过程中产生纱节效果，但环锭纺纱技术能生产出与单纤维长度相同的短纱节，约为 30 毫米，而自由端纺纱中最短的纱节长度也有将近 90 毫米，也就是纺杯的周长。

正如保罗·特伦卡（Paul Trynka）所观察到的那样，Cone/Cone Denim 公司［由德国移民兄弟摩西·科恩（Moses Cone）和凯撒·科恩（Caesar Cone）于 1891 年创立，是美国历史最悠久的牛仔面料制造商，至今仍在营业］在 20 世纪 50 年代末便开始使用 Magnadraft 纺纱机，因其能生产许多人心目中最经典的纱节（竹节）牛仔面料而备受推崇。这台纺纱机能去除大部分余棉，否则其会残留在纱线中。然而，由于为牵伸装置提供加重辊的磁铁无法确保从始至终完美运转，因此 Magnadraft 纺纱机产出的纱线也带有漂亮的纱节特性。尽管纱节可能是纺纱工序中最具争议性的一个特征，但纱线捻度是影响牛仔面料色落效果的另一个重要因素。

加捻

加捻（torison）程度是对纱线捻度的衡量指标，它决定了染料在纱线中的渗透程度。基本上，纱线的捻度越高，即纱线的扭力越大，染色过程中吸收的靛蓝染料就越少。这在本质上意味着，纱线的扭力越大，牛仔面料褪色速度就越快。在自由端纺纱中，棉纤维并非沿平行方向纺纱，因此其捻度较小，这就意味着与环锭纺纱相比，它的绒毛更丰富、质地更蓬松舒散，也更有利于染料深入渗透。当然，牛仔面料最终也难以获得高对比度的色落效果。由于环锭纺纱捻度更高，其纱线强度也明显高于自由端纺纱。

一种纺纱技术的优势很可能成为另一种技术的缺陷。从牛仔发烧友的角度来看，环锭纺纱的优点很容易盖过缺点。虽然用它织成的牛仔面料价格稍贵一些，但其手感更柔软，耐用性也更强。最重要的一点是，其纱（竹）节特性以及沿平行方向进行的纤维加捻对于实现真正意义上的高对比度色落效果至关重要。∎

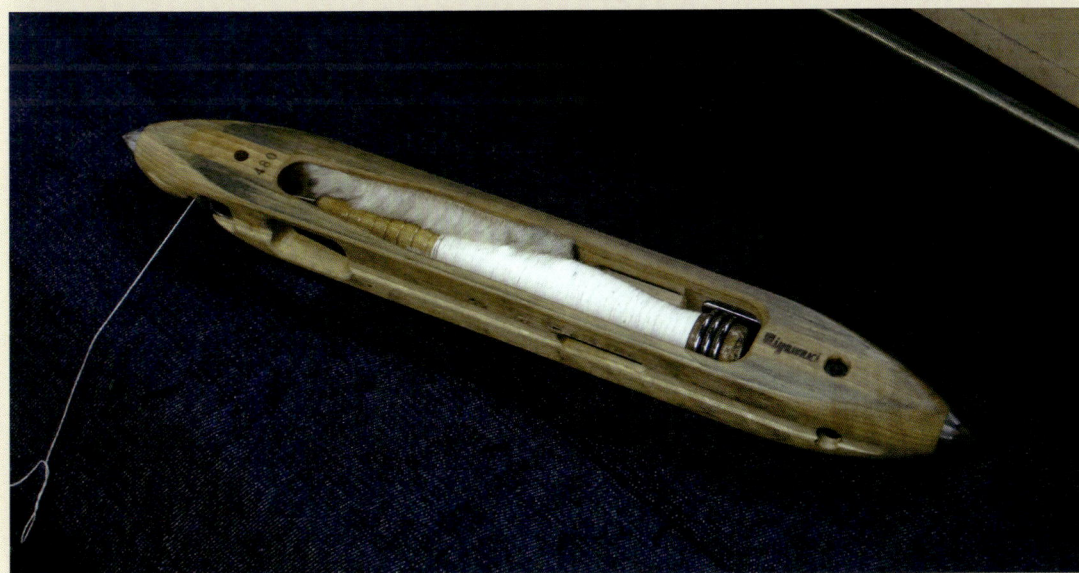

↑ 缠绕在线轴上的
棉纱，准备进入下一
生产阶段。

← 纬纱示例图。
纬纱缠绕在中央的纱
杆上。

← Candiani Denim
纺纱厂的环锭纺纱
设备。

靛蓝染色
INDIGO DYEING

毫无疑问，靛蓝染色的牛仔面料是蓝色的，但当棉纱初次从染缸中被取出并氧化时，它实际上呈现出的颜色是绿色，只有在纱线干燥后才会变成蓝色。对于牛仔面料来说，有两种主要的靛蓝染色方法，每种方法都以不同的方式影响着织物的外观、触感以及色落效果。

◀ 工业靛蓝染色，纱线的芯保持白色，从而产生高对比度的色落效果。

靛蓝的故事

靛蓝是蓝色牛仔裤的蓝，是至今仍在使用的最古老的染料颜色之一。自古以来，靛蓝始终是神秘、神圣与财富的象征，也一直是工人阶级的颜色。这种颜色的独特之处在于，即使褪色后也依然能保持美丽的色调，不像其他颜色，洗完就变暗。最初，靛蓝色素是从郁郁葱葱的绿色木蓝属植物晒干的叶片中提取出来的。这些晒干的叶片会被研磨成粉末，进而制成一种最不易褪色的天然植物染料。在染槽中将靛蓝染料与水以及还原剂混合，再将纱线浸泡其中。虽然将牛仔面料染成蓝色的靛蓝染现在仍由粉末与水制成，但如今大多数牛仔面料染色都会采用成本更低廉、色牢度更稳定的人工合成靛蓝染料。

靛蓝植物染料最早产自印度，几千年来，一直是印度的主要产业。"靛蓝"的名字来源于希腊语"indikón"或拉丁语"indicum"，本意是"来自印度的一种物质"。这表明早在两千多年前，从印度到希腊罗马世界（Greco-Roman world），这种极具变革性的染料就已经体现出重要价值。但这还不是关于靛蓝的最早记录，追溯一种可生物降解的有机材料（如靛蓝染布）的根源实非易事，因为它们只有在完美的气候条件下才能保存完好。然而，考古学家将靛蓝最早的使用记录追溯至公元前 3000 年，也就是距今五千多年前。大约在公元前 2494 年至公元前 2345 年，古埃及第五王朝出产了第一批保存下来的靛蓝染布。由于埃及气候干燥，考古学家们在金字塔内发现了包围在木乃伊四周且保存完好的、边缘饰有蓝色条纹的织物碎片。在关于中王国（约公元前 2040 年）和新王国（约公元前 1560 年）的其他一些考古研究中也发现了一些靛蓝染色的亚麻和羊毛；图坦卡蒙的陪葬衣物中也有一件以蓝色为主色调的国王的长袍。

在欧洲，靛蓝最初是从菘蓝中提取而来的，这种植物具有与木蓝属植物类似的特性。大约在公元前 700 年铁器时代的早期，出现了第一批用菘蓝染成的蓝色织物。

真正靛蓝的这位表亲——菘蓝曾经在欧洲占据了长达

一千多年的主导地位，然而随着来自亚洲，特别是来自印度的各种进口商品日益增多，靛蓝凭借其强大优势与异域情调，对菘蓝的霸主地位发起了挑战。在靛蓝史学家珍妮·鲍尔弗 - 保罗（Jenny Balfour-Paul）口中的这场"菘蓝保卫战"中，忧心忡忡、害怕就此失去生计的商人，还有菘蓝种植者乃至全国上下，都对靛蓝发起了强烈的抵制。在 18 世纪，尽管靛蓝染料在德国和法国最终被"处以极刑"，但它终究还是超越了菘蓝，因为靛蓝能更好地与吸水性较差的纤维，如棉纤维结合。

靛蓝染料几乎从所有欧洲殖民地的种植园进口，尤其是西印度群岛以及美洲大陆。与其他大多数劳动密集型商品相似，靛蓝也经历过历史上的至暗时刻：靛蓝的种植与交易或多或少都依赖被奴役的劳工。全世界的广大民众对靛蓝生产工作条件的愤懑不满甚至导致了鲍尔弗 - 保罗所谓的"蓝色革命"，工人们纷纷开始奋起反抗，但在靛蓝的实际生产活动中似乎并未招致更大的麻烦。时至 19 世纪末，随着利用石油原料进行人工合成的靛蓝染料横空出世，此项贸易面临着另一大严峻挑战。

鉴于对靛蓝的需求如此巨大——以及背后蕴藏着巨大的经济潜力——科学的介入也就不足为奇了。1865 年，日后获得诺贝尔化学奖的德国化学家阿道夫·冯·拜尔（Adolf Von Baeyer）发现了合成靛蓝的基本化学结构，事实上这是第一种人工合成染料。他与德国巴斯夫公司（Badische Anilin- & Soda-Fabrik，BASF）在接下来的三十年里（投入的资金比公司资产总价值还多）共同致力于合成靛蓝的提炼，并于 1897 年将最终成果"纯靛蓝"

（Indigo Pure）呈现在人们眼前，所有的心血最终赢得了回报。尽管遭到许多偏爱原始染料的厂商与经济发展依赖天然靛蓝生产的一些国家的强烈反对，合成靛蓝的销量依然节节攀升，在短短几十年内便超越了天然靛蓝，到 1914 年，95% 的天然靛蓝染料生产都已销声匿迹。如今，在全世界牛仔面料行业所使用的商业靛蓝染料中，合成靛蓝占据了绝大多数份额。

靛蓝染色
牛仔面料

靛蓝因其较高的美学价值受到全球市场的广泛青睐与追捧，尤其是它逐渐褪色成无数更浅淡明亮的蓝色调的特性，而这种褪色特性源于独特的靛蓝印染工艺。靛蓝属于一种还原染料（vat dye，又称瓮染料），需要在工业还原剂（通常为连二亚硫酸钠）的辅助下溶于水中，这道工序还涉及氧化固色。将棉纱浸入染缸，空气中的氧气会让靛蓝分子与棉纤维结合。作为一种纤维皮质染料，靛蓝分子较大，无法进入棉纤维内部，因此只能吸附于棉纤维表面，这就是所谓的环染（ring dyeing）。正是这种染色工艺让牛仔面料具有了高对比度的色落倾向。传统老式手工染色一般采用发酵靛蓝，就比如日本传统的蓝染工艺（aizome），能实现更深层次的染料渗透，从而减缓布料褪色速度。通过使用现代靛蓝机械染色技术以获得更饱满深邃的蓝色，纱线需要反复浸渍好几次，但即便浸渍几十次，色素依然只能附着在纱线表面。随着面料的磨损，颜色慢慢褪去，

← 原始的靛蓝染色由手工完成，而机械染色则采用高度成熟且需要重型机械设备参与的生产工序。

14

杰森·德纳姆
(Jason Denham) 尝试
应用传统手工染色法
进行牛仔面料染色。

Kuroki 等日本工
厂所采用的绳状染色
工艺，会将每条包含
有 380~420 根纱线的
纱绳送入染色机进行
染色处理。

无法上染的纱芯本色便逐渐显露出来。日常穿着与洗涤不仅能软化牛仔面料原本的粗硬质地，还能使其色泽变得更具个性化特色。

靛蓝牛仔面料的
染色方法

正如前文中所提到的，传统的靛蓝染色是手工操作完成的，但现在几乎所有的靛蓝染色工序都通过大型现代工业生产设备完成。人们今天广为熟知的牛仔面料的前身尽管也时常采用两种染色纱线织造，但从历史上看，过去都只染经纱。占主导地位的染色方法主要有两种：片纱染色（slasher dyeing）与绳状染色（rope dyeing）。

绳状染色法于 1915 年问世，在此之前，高度模仿传统手工染色的绞纱染色（skein dyeing/hank dyeing）是牛仔面料生产中应用最为普遍的纱线染蓝技术。虽然绞纱染色对纱线施加了很大的压力，但这种染法的产量很低，价格也昂贵许多。然而，绳状染色法却是一种劳动密集型

的染色工艺，过程除了将纱线缠在经轴上——这本身就是环锭纺纱的一道工序，而自由端纺纱则直接进行卷绕——还包括：进入染色机之前，将多达 24 条纱绳捆扎为一组，每条纱绳包含有 380~420 根纱线；而在另一端，则需要将这些纱线再次分开。

在纱绳接触到靛蓝染料之前，它们需要经过几个很重要的清洗漂洗箱，用强碱与表面活性剂预先对其进行处理，以便去除棉花中所含的天然油脂及杂质，这些油脂和杂质会让染料难以固着于纱线，从而导致上染不均。这一步决定了靛蓝染料在纱线中的渗透程度以及最终的染色是否均匀一致。然后，将纱绳浸入靛蓝染液中，浸渍时间为 30~60 秒，之后再进行 60~180 秒的氧化处理。现代染色机可有多达 12 个靛蓝染箱，并且在每个染箱处理过后都要再次进行氧化处理，一般情况下浸入次数平均为 5~6 次。

靛蓝染色浸渍完成后，纱绳会穿过两到三个洗涤箱，将多余的染料残留清洗掉。在最后一个洗涤箱中会加入柔顺剂，以便后续纱绳易于分开；与此同时，先前使用的一些化学物质也会在此道工序被中和掉。待纱绳干燥后，单

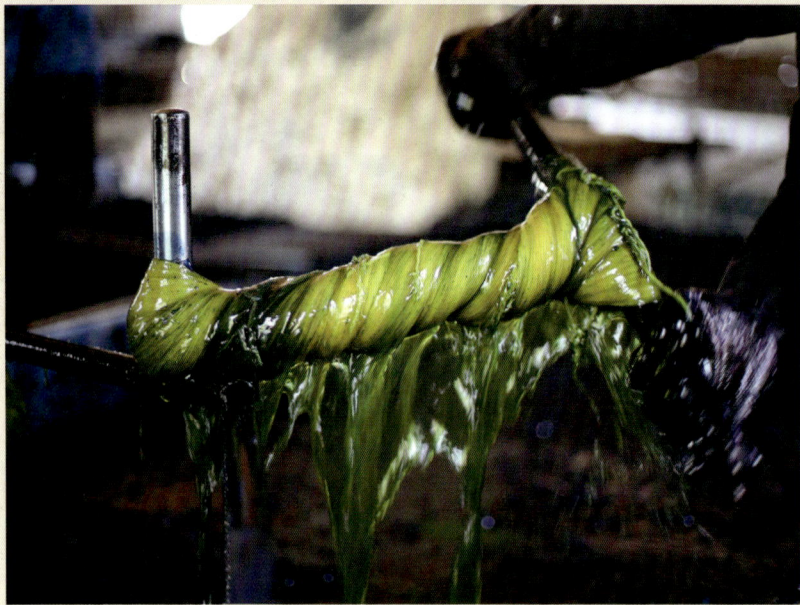

↑ 靛蓝氧化后呈绿色，干燥以后会变成蓝色。

根纱线被重新分离回到经轴上，之后进入下一道上浆环节：将纱线裹上保护性的淀粉涂层，以减轻磨损，从而减少后续纺织阶段可能出现的纱线断裂等状况。此外，还能减少毛羽，防止纱线相互纠缠。从本质上讲，将纱线浸泡在某种淀粉中，对原色牛仔裤的硬挺度至关重要，因为最终的成衣产品中会残留一小部分淀粉物质。

片纱染色于 20 世纪 70 年代被引入生产，纱线像毯子或者床单一样被成片平铺进行染色，这意味着与绳状染色相比，片纱染色所需的劳动力投入更少，因为省去了纱线的捆扎与之后的分离环节。纱线也仅需在每种靛蓝染料中浸渍 10~15 秒，氧化处理时间为 30~60 秒。除此之外，其他染色流程基本相同。片纱染色最大的优势在于，纱线完成染色后就可以直接进入下一道的纺纱环节。在整个染色流程中，染箱中的染料需要从始至终保持颜色均匀一致，以确保整片纱线都均匀上染。而在采用绳状染色方法时，由于纱线所接触到的靛蓝染料具有天然的不均一性，这就可能导致纱线平铺展开之后出现染色不均的现象。

尽管每种染色方法各有其利弊，但 Candiani 牛仔面料纺织厂的西蒙·朱利安尼指出，最终染色效果都一样，不分彼此——真正决定牛仔面料色落效果的是纺纱与织造方法。

靛蓝的替代品

并非所有牛仔面料都只采用靛蓝染色。为提高生产效率，20 世纪 70 年代，硫首次被加入靛蓝染料混合物中，这便给牛仔面料制造商提供了三种染料方案：100% 纯靛蓝、靛蓝与硫的混合、100% 硫，最后一种方案用于非靛蓝色牛仔面料的

染色——换言之，主要用于黑色以及其他一些彩色牛仔面料的生产。

硫化染料被引入以取代（部分取代）靛蓝染料。今天，它们通常被用于在靛蓝染色前后分别为纱线增添所谓的顶部色和底部色（注：硫化染色的顶部和底部色，通常指的是在硫化染色过程中，染料在不同染色阶段所呈现的颜色变化）。这是一种制造色调的方法，从根本上说还是靛蓝的色调。虽然有时也会用到诸如棕色、绿色及黄色的顶部色或底部色，但最常用的是黑色，因为它的色牢度更高。100% 纯靛蓝染色，无论是使用天然染料还是人工合成染料，通常都会产生一系列极具特色的红色色调，最好的例子可能要数 20 世纪 50 年代和 60 年代 Cone 公司为 Levi's 品牌生产的牛仔面料，它的表面会呈现出一种非常清晰醒目的蓝色调。尽管也可以在不添加硫的情况下，通过改变染料中的化学成分来打造靛蓝色调，但是，在染料混合物中添加硫却是控制牛仔面料色调的常用方法，并且也有利于降低生产成本。20 世纪 70 年代末，Cone 公司开始采用硫为牛仔面料染色，这就是 501 牛仔裤的前世今生。显然，棉纱的染色方法对牛仔面料的色落程度至关重要。

如今，几乎所有牛仔裤都由合成靛蓝染色的面料制成。天然靛蓝与合成靛蓝的主要区别在于色彩变化与色调的不同，这会影响面料的色落效果及市场价格。用天然靛蓝染色的牛仔面料色彩层次变化更丰富，并带有独特的绿色色调，褪色缓慢，但价格通常也更昂贵。采用合成靛蓝染色的牛仔面料色泽更均匀，会呈现出红色色调（至少在不添加硫的情况下），对比度更高，褪色更快，价格也更便宜。此外，还有一部分人认为，鉴于天然靛蓝染料生产（土地、水资源、采收、化学制品等）中所产生的碳排放总量等因素，合成靛蓝的生产对环境的影响相对较小。■

→ 靛蓝染色曾经是需要手工操作的过程，对于一些牛仔发烧友来说，现在依然如此。

理想的面料
FABRIC OF DREAMS

总部位于斯德哥尔摩的 Indigofera 品牌公司推出的所有面料生产都从零开始，让该品牌在众多牛仔品牌中脱颖而出。该公司始终致力于对牛仔面料品质的提升与创新，推崇纺织品回归本源的理念，如该公司推出的名为"火药黑"（Gunpowder Black）与"9号"（No. 9）的两款牛仔面料。

马茨·安德森（Mats Andersson）解释说，一方面，因为他从小在瑞典农村长大，所有像牛仔裤这样结实耐用的服装都是生活必需品。另一方面，一心想要干大事的雄心壮志促使他与合伙人约翰·索德伦德（Johan Söderlund）在 2009 年创立了 Indigofera Prima。毕竟安德森所接受的职业训练是大多数牛仔服饰企业家所梦寐以求的。他最初在一家牛仔服装商店担任采购，后来在 20 世纪 90 年代末担任 Levi's 品牌的区域商务总监长达八年。在此期间，这家牛仔服装巨头企业推出了新潮前卫的红标系列以及 Levi's 复古系列。之后，他还曾在创立了品牌 Cheap Monday 的代理公司任职。

但安德森的从业经历也时常令他产生幻灭感，他曾目睹众多品牌相继抬高市场价格，但产品品质却并未得到相应提升。而 Cheap Monday——一个能让更多人买得起织边牛仔裤的极具影响力的品牌——向他证明：价格亲民并不一定意味着品质堪忧。他随后补充道："一想到这些就让我觉得不寒而栗，于是便向弹力牛仔面料市场大举进军。当然，那时候人们对所有的新鲜事物都特别感兴趣，但我仍然希望面料是真正的主角。"

"我仍然希望面料
是真正的主角"

这很好地解释了这家瑞典品牌的名称含义和公司的发展理念，即通过引用出产靛蓝染料的植物的拉丁学名为品牌命名，以及引领牛仔面料回归本

源的生产理念。Indigofera 出品的牛仔裤是在葡萄牙剪裁及缝制的，这是出于降低成本的考虑，同时也意味着其能在面料生产方面投入更多的资金。安德森说，当他们推出价格实惠且注重面料品质的牛仔品牌 Indigofera 以填补市场空缺时，他很清楚这意味着不能"捡现成的"。事实上，Indigofera 是近年来为数不多的从零开始研发所有牛仔面料的品牌之一。安德森解释说："我们提出了这样的想法，然后必须吸引日本 Nihon Menpu 等大型工厂，当然还有其他一些欧洲工厂。研发一种新面料往往会经历一段极其漫长的历程。"

Indigofera 的"火药黑"牛仔面料已成为其发展历程中的经典代表作。安德森解释道："由于黑色牛仔面料通常会褪色成均匀的灰色，看上去很不讨喜，于是公司推出了一种新的生产工艺，能够赋予破旧牛仔裤以独特的线条及图案，就像在黑白照片中看到的靛蓝牛仔裤那样的视觉效果。"最终，通过一种自行研发的 3×1 斜纹结构和不染透经纱纱芯的绳状染色工艺，他们最终实现了这一目标，使白色从靛蓝色中凸显出来。

Indigofera 品牌的其他一些创新型面料还包括"9 号"与"45 号"（No. 45）牛仔面料。"9 号"是一款织边牛仔面料（安德森笑着说："我们叫它 9 号，其实也没什么特别的原因"）。我们的目标是创造一款重 14 盎司（1 盎司 ≈28.35 克）的深靛蓝色牛仔面料，能呈现出一种强烈的靛蓝与白色的对比，而这种对比效果通常需要采用更重的面料才能实现。3×1 窄幅斜纹牛仔面料能做到这一点。同时，"45 号"织边牛仔面料采用的是手工浸染上色。

该公司还与挪威一家牧场车间一体化的小型工厂合作开发法兰绒与毛毯等厚重面料。对于一个牛仔面料品牌来说，这是预想之外的转型。安

德森说："我就是从小在家里裹着一条大毛毯这么长大的——我估计斯堪的纳维亚半岛上大多数人都是这样吧。在他们看来，毯子是一种生活乐趣，但对我来说，它是事业，是对我们所从事的工作的一种愉悦表达。"■

"Indigofera 是近年来为数不多的从零开始研发所有牛仔面料的品牌之一。"
INDIGOFERA STANDS OUT AS BEING ONE OF FEW DENIM BRANDS OF RECENT YEARS TO DEVELOP ALL OF ITS FABRICS FROM SCRATCH.

致力于染色的突破性实践
TO DYE FOR

Tender 推出的牛仔时装系列是对英国定制套装和工装的传统裁制工艺的一次大胆尝试与探索，其皆由一些独立的小型工厂独家生产，Tender 更青睐一些与众不同的染料，这些染料大多提取自洋苏木、菘蓝植物以及赭石等天然原料，而且染色方法也更大胆。

在 Tender 的设计师及品牌创始人威廉·克罗尔（William Kroll）看来，他的公司名称具有多重含义，他曾表示，其中蕴含着一种爱的理念，这种理念体现在产品的生产制造中；另有一种想法是，随着时光流逝，这些原本硬挺的牛仔面料会变得日渐柔软，越来越具有穿着者本身的个性特色。还有，品牌的名称源于运载煤和水的蒸汽火车，品牌的设计系列也常以英国的蒸汽时代为特色。可以说，后一种说法最能体现出克罗尔于 2009 年创立这一服装品牌背后所承载的精神理念。

克罗尔说："我是英国人，我感觉自己以前喜欢的服装中的所有参考元素与背景故事都是美式或日式的，所以我想，这次采用英国定制套装和工装的剪裁缝纫工艺可能会很有意思。我很喜欢维多利亚时代工程技术发展阶段的工装风格所具有的那种实用主义、冒险精神、浪漫色彩以及随心所欲的感觉，这一时期或许应被称为英国的'狂野西部'时代。"这是一个拥有独属于自己工装传统的时代。正如他所说："大部分的设计过程其实都是在解决问题——在与创造者的对话中找到最佳方案。"

事实上，所有东西都是在英格兰的各种小工厂里，由一些独立制造商或克罗尔本人亲手制造的，每个人都必须直面克罗尔对那些早已隐没在岁月尘烟中的服装构造工艺以及染色技法的热情所带来的挑战。例如，他曾尝试用洋苏木或菘蓝（woad，富含靛蓝色素的十字花科植物；注：原文作者标注的植物科目属性有误，如果是指蓝草，则可以用原文"甘蓝属"一词，蓝草是指可以制造靛蓝染料的种类繁多的植物统称，包括十字花科、甘蓝属等）代替常规的木蓝属植物进行牛仔面料染色，或者使用胭脂虫、赭石及茜草等纯天然染料。虽然它们比合成染料褪色速度更快，但也因此赋予了服装更独特的个性色彩。他曾在伦敦中央圣马丁艺术学院（Central St. Martins）接受专业的男装设计课程培训，之后又花了一年时间学习裁缝技术，并且还在 Evisu 品牌早先位于伦敦萨维尔街（Savile Row）门店的定制部门工作过。

然而，尽管克罗尔从服装博物馆以及他本人收藏的一些英国铁路工人服装中汲取过灵感，但 Tender 并非复刻品牌［话虽如此，该品牌应用在牛仔裤上的笑脸纽扣是对时常与剽窃二字联系在一起的罗马剧作家提图斯·马丘斯·普劳图斯（Titus Maccius Plautus）的巧妙借鉴——克罗尔承认，所有的设计在一定程度上都是在前人的基础上构建的］。以他设计的 128 版牛仔裤为例，他形容这款牛仔裤是"真正的升华"，裤子上设计有四个贴袋，没有后约克／育克（yoke，指牛仔裤后幅连接腰头与后幅裤身的裁片），侧缝无形，牛仔裤的廓形需在穿着时才能显现。

"我很喜欢维多利亚时代工程技术发展阶段的工装风格所具有的那种实用主义、冒险精神、浪漫色彩以及随心所欲的感觉，这一时期或许应被称为英国的'狂野西部'时代"
I LOVE THE UTILITARIAN, ADVENTUROUS, ROMANTIC, MAKE-IT-UP-AS-YOU-GO-ALONG FEELING OF VICTORIAN ENGINEERING, OF BRI-TAIN'S WILD WEST.

　　还有其他一些例子，比如他标志性的反向内缝结构，可以提升服装的耐用性。还有他的 Butterfly 衬衫，没有侧缝，衬衣的大身必须从一块专门织造的超宽幅面料上裁剪下来。此外，他可能会说，别总盯着织边牛仔裤。

　　"记住很重要的一点，完整的织边，不管看不看得见，它都是优质牛仔面料的标志，"克罗尔指出，"一条牛仔裤或一件衣服真正有意思的地方不在其布边上。"的确，想想 Tender 牛仔裤的口袋：它们是从垂直于牛仔面料最柔韧的斜线方向上被斜裁下来的，因此这些口袋会随日常穿着而慢慢变形，但这种拉伸又会被牛仔裤内侧接缝的织边——面料中织得最紧的部分——所抵消。结果是什么呢？达到一种力与形的平衡。■

梭织
WEAVING

经过梭织这道工序，靛蓝棉纱最终变成了牛仔面料，这也是整个生产流程中最具争议性的阶段，因为牛仔面料生产所采用的两种主要纺织方法会对织物的外观、触感以及日常穿着体验产生重要影响。

牛仔面料通过梭织工艺织造而成。对于一部分人来说，这道工序具有独特的神秘色彩与浪漫气息，比如从小在纺织厂长大的阿尔贝托·坎迪亚尼（Alberto Candiani），他的整个世界都回荡着织布机的声音和节奏，他甚至还记得："有一次我还把织布机工作时发出的声音节奏录了下来用作打击配乐，以此创作了一首歌。"

梭织是将两组纱线垂直交织在一起的过程，与针织（knitting）不同，针织的主要特点是纱线在一系列相互交织的线圈中穿套而成，而梭织则是以 90 度的角度穿行。在梭织工序中，纵向平行的纱线被称为经纱，而与之相交叉的纱线则被称为纬纱。

实际上，谁是经纱谁是纬纱并非仅取决于方向，横向纱线在纵向纱线的上方与下方穿过的结构，才使得前者成为纬纱，后者成为经纱。牛仔面料的传统定义是：由靛蓝

↑ 老式织机织造的织边牛仔面料。

染色的经纱与未经染色的纬纱以 3 × 1 结构织造而成的一种斜纹织物。然而，牛仔面料还可以在织造完成后进行成品染色，也可以由两种染色的纱线织造而成，甚至可以采用不同的织造方法，比如 2 × 1 结构。但无论选择什么颜色的纱线或采用哪种织造方法，牛仔面料都是一种梭织斜纹织物，与其他所有梭织织物一样，都由两根纱线以固定的 90°角交织而成。

梭织的历史

梭织面料纺织工艺出现于几千年前，最原始的织布机出现时间可以追溯至 12000 多年前的新石器时代。今天的织布工的先辈们曾经使用的是所谓的重锤织机（warp-weighted loom）、背带织机（backstrap loom）以及与之类似的纺织设备。这些古代织布机的共性在于其完全由手工操作，并且只能在织机的固定长度范围内进行纺织。重锤织机是一种由杆子构成的框架所组成的织造设备，它可以很方便地以近乎垂直的角度倚靠在墙上。顾名思义，重锤的作用就是让成组的经纱始终维持绷紧的拉伸状态，如此一来，织布工人便能一边左右走动一边用手穿过纬纱，从织机顶部向着地面方向进行纺织作业。重锤织机从古希腊时代便流行起来，在斯堪的纳维亚半岛尤为常见，而背带织机则在亚洲和美洲更普遍。尽管背带织机与重锤织机在设计原理上很相似，但不同之处在于它需要依靠织布工人的体重来维持经纱的紧绷拉伸，并且这种织布机没有框架，仅由两根杆子构成，在杆子上拉伸纱线。顶杆用一根绳子固定在高处，而底杆则用织布工人背上的带子固定，这就意味着织物的纺织将以大约 45 度角进行。随着工业革命的开展与机械化动力织机的诞生，重锤织机与背带织机也因此慢慢变得无人问津。尽管如此，直至 20 世纪 50 年代，生活在斯堪的纳维亚半岛偏远北极地区的萨米人仍然在使用重锤织机。

亚洲及连接中国与印度、波斯与地中海的丝绸之路对于织造技术的发展具有极其深远的重大意义。尽管现代自动织布机的前身，如踏板织机（treadle loom）和手工提花织机（draw loom），比古代的重锤织机与背带织机更先进，但它们依然需要依靠织布工人的手（和脚）来操作。机械化的提综打开梭口装置，通过使经纱分层打开梭口，进而将纬纱引入梭口，在经纱中穿梭编织［shedding，指打开梭口的工序，梭口（shed），是指在织造过程中，经纱被上下分开，形成一个菱形的开口，这个开口称为梭口，是一项重要的发明］。在此道工序中，所谓的综，即综片（heddles），用于控制经纱的上升与下降形成梭口的装置。时至今日，面料织造仍然仰赖于此项发明，现代织机也还在使用综片，其也称综框（heald

frame）或综丝框架（harness），在纬纱于错综复杂的经纱间穿梭或弹射时发挥着作用。

不同的织布机对梭口的处理工序也不同。手工提花织机通常被认为起源于中国，它除了需要一名织工（负责脚踩踏板引纬织造）以外，还需一名挽花工（或挽花女）来管理综框（又称挽花提综），以便完成提花图案的编织。在采用踏板织机进行纺织时，织布工用一只脚（或双脚）来更换梭口。然而，操控梭口只是现代织造的三大动作之一，第二个动作是打纬（battening），也就是在纬纱与经纱相互交织后，将纬纱压紧或打匀的工序。在古代的重锤织机与背带织机上，这是通过一根杆子完成的。在手工提花织机和踏板织机上，这一动作被打纬装置（beater）所取代，打纬装置采用梳状箱（reed）将纬纱推牢到位。如今的高科技织机也仍在使用这个动作。第三个动作，也是最后一个动作：投梭（picking），它最具话题性，也最能引发牛仔发烧友们的怀旧之情。1784 年，出现了第一台采用提综开梭口和打纬织造方法的自动织机，虽然这项发明大大提升了生产效率，但真正推动织造行业技术变革的是先于半个世纪之前出现的飞梭装置，它最终让人与织机的互动显得多余。

引入动力织机

1733 年，约翰·凯伊（John Kay）提出了一项优化产能、提升产量的关键性发明：飞梭。在这项发明出现之前，织工们只能以臂长为限进行织布，如果织幅更宽，就需要依靠两名操作者相互掷梭与接梭以完成操作——这项工作既

↑ 从 20 世纪初开始，Cone Denim 公司的白橡木牛仔面料工厂（White Oak plant）便开始采用德雷珀有梭织机生产织边牛仔面料。

枯燥、乏味，又极具挑战性。

凯伊的发明是这样的：织布工使用腕力左右挥动投梭棒（picking stick），这个动作需要拉动一根连接在梭子上的细绳，梭子及装满纬纱的线轴便会在梭口中来回移动穿梭。仅需一名织工便能织造宽幅面料的潜在优势和生产率都得到了极大提升，但在飞梭问世后的接下来整整一个世纪里，织布仍然依赖于手工操作。

英国人埃德蒙·卡特赖特（Edmund Cartwright）在 1784 年设计出了世界上第一台动力织机。尽管卡特赖特是第一个吃螃蟹的人，但他设计的动力织机从经济角度来看并不具备可行性。尽管该设计历经多次改进，但直至 1841 年，肯沃西（Kenworthy）与布洛（Bullough）制造的兰开夏织机（Lancashire loom）的自动化水平才真正使动力织机成为手工织机的替代品成为可能。尽管如此，要实现全自动化织造，还要再用 50 年时间。1894 年，约翰·亨利·诺斯罗普（John Henry Northrop）与德雷珀（Draper）公司联手推出了第一台具有开创性设计的全自动织机，就此给整个织造业带来了天翻地覆的变化。

诺斯罗普 1858 年在英国出生，之后也在英国从事纺织行业的工作。他于 1880 年移民美国波士顿，在乔治·德雷珀父子（George Draper and Sons）公司担任织机机械师。这家公司成立于 1816 年，也就是后来大名鼎鼎的马萨诸塞州霍普代尔德雷珀公司（Draper Corporation of Hopedale）的前身。当时艾拉·德雷珀（Ira Draper）刚获得改进版飞梭织机的专利，作为纺织业创新先驱的后代，艾拉·德雷珀又将他的创新思维传给了自己的儿子们，尤其是环锭纺纱技术的先驱人物乔治·德雷珀（George

Draper）。1886 年，乔治的三个儿子决意生产自动织布机。在畜禽业养鸡场碰运气之后，诺斯罗普浪子回头重投德雷珀公司，于 1889 年向公众展示了自己首创的换梭充电器（shuttle changer），并最终于 1891 年完善了换纬纱电池（filling-changing battery），之后，再辅以德雷珀自己生产的断经自停装置（warp stop motion detector，如果经纱出现断裂，可以让机织停转）。诺斯罗普发明的圆筒状的导纱装置能在纬纱出现线空时，不间断地自动为梭子重新装上新的纬纱线轴，从而最终完善全自动化织造技术。的确，这种"圆筒转轮式导纱装置"（cylinder revolver）至今仍然是织机的一个构成部件。

诺斯罗普织机（Northrop loom）以这位英国发明家诺斯罗普本人的名字命名，1894 年一经面市便大受欢迎。几年下来，诺斯罗普织机销量惊人，高达 70 万台，就此奠定了德雷珀在美国织布机制造商中的地位。然而，我们最常接触到的由这家美国织布机制造商生产的产品还是 Draper X3 型织机，它确实在 21 世纪让真正的美国织边牛仔面料"起死回生"。

德雷珀有梭织机主宰
牛仔面料的时代

虽然有梭织机常常被人为地赋予了许多浪漫主义色彩，因为它结构简单、便于生产且历史悠久。Draper E 型这一类自动织机则是结构高度复杂的机械设备，并且还在不断发展改良中。虽然人们习惯将最初的德雷珀自动织机以其英国发明者的名字命名，但德雷珀公司会依照字母表顺序来命名其生产的各种织机机型，即最早的诺斯罗普织机是 A 型。多年来，德雷珀公司还开发了其他几款高度创新的织机型号，如 1901 年出产的 E 型以及 1918 年推出的 K 型（这是第一台专门为生产当时刚刚在面料市场脱颖而出的人造丝而制造的机型），它们都在织造史上为自己添上浓墨重彩的一笔。最著名的德雷珀织机是 X 系列，尤以 X2 和 X3 型最为出色。在 20 世纪 50 年代和 60 年代，即牛仔面料的鼎盛时期，北卡罗来纳州的 Cone Denim 公司便是采用这两个型号的织布机为 Levi's 501 及其他款型牛仔裤制造边牛仔面料。

第一台 Draper X 型织机于 1930 年面市，这款机型的主要卖点在于其纺织速度比 E 型织机提升了 20%。在 20 世纪 30 年代，采用人造丝作为纬纱的纺织生产方式在服装面料行业盛行一时，于是德雷珀在此背景下开发了 XD 型织机以满足市场需求。在战前的几年中，这种特殊型号的织机销量占德雷珀公司销售总额的三分之一。X3 型是 20 世纪 60 年代推出的一款机型，既能使用环锭纱，也可使用自由端纬纱进行织造。20 世纪 70 年代末，Cone 公司开始采用这款机型，使用自由端纬纱织造的牛仔面料制成了第一条 Levi's 501 织边牛仔裤。X3 机型是伟大的德雷珀织机的最后一抹辉煌，然而，将美国梭织机制造业以及美国生产的织边牛仔面料推向困境的，既不是由替代纤维制成的纬纱，也不是新的纺纱技术。第二次世界大战结束时，德雷珀面临着全新的市场挑战，当时欧洲人已经开始制造无梭织机，此时的德雷珀被打了个措手不及。虽然德雷珀的管理层可能并未预料到 20 世纪 70 年代初第一次石油危机所产生的后果以及随之而来的消费者需求的变化，但这家曾经在全世界首屈一指的动力织机制造商最终在 20 世纪 60 年代做出了破产倒闭的决定，即使这项新技术在当时占据着主导地位。

梭织牛仔面料时代
就此走向终结

1930 年，经过三年的苦心研究，德国纺织工程师鲁道夫·罗斯曼（Rudolf Rossmann）制造出全世界第一台无梭织机（shuttleless loom）。两年后，他研制的片梭引纬式无梭织机（shuttle-less projectile weaving machine；注：无梭织机的引纬方式包括片梭引纬、剑杆引纬、喷气引纬和多梭口引纬等）才准备就绪，并于 1933 年获得瑞士苏尔寿（Sulzer）集团对该项目的投资。直到 1942 年，这家瑞士集团才获得此项技术的独家专利。

为提高生产速度，无梭织机采用了一种外形类似子弹的小型金属片夹状引纬器（projectile），以取代传统的梭子。引纬器夹着纬纱的一端，牵引纬纱穿过梭口，在另一端，另一个引纬器牵引另一根纬纱穿过梭口。由于纬纱每次都被切断，而不像传统的梭织纬纱那样来回循环，所以织物边缘会出现不完整的毛边现象。这项技术将纺织速度从普通梭织机的平均每分钟引纬 140~160 次提升至每分钟

一名纺织技术专家在进行织机启动前的最后调整。

400~600 次。同时，织机也宽出许多，带动了产能的进一步飞跃。

战争一结束，苏尔寿集团便紧接着将该技术授权给美国工具制造商 Warner & Swasey 公司，收回了部分对片梭织机（projectile loom）的研发投资。苏尔寿集团最初向德雷珀公司抛出橄榄枝，提出了这项技术在美国的相关授权事宜，但最终不了了之。相反，这家自傲的美国织布机制造商刚刚开发出一款全新的依靠一种被称作"剑杆"的手指状载体来牵引纬纱穿过梭口的无梭织机。

德雷珀之所以选择这项技术，是因为不需要将生产材料从铁换成铝，最终结果便是 1959 年第一台德雷珀无梭织机——DSL 诞生。第二年，在与 Warner & Swasey 公司的合作陷入瓶颈之后，苏尔寿集团开始转而向美国出口瑞士生产的片梭织机。此时的德雷珀公司管理层对此无动于衷，他们自信地认为公司依然能凭借其掌握的资源优势保持市场主导地位。直到 20 世纪 60 年代初，德雷珀关于这项创新技术需要经过数年时间才能展现其市场竞争力的预测被证明是正确的。甚至在 1959 年至 1969 年，也就是推出 DSL 后的最初十年里，该产品的销量与苏尔寿的产品几乎持平。除了 DSL，德雷珀还凭借其 X3 型的产品优势与苏尔寿的片梭织机抗衡。尽管 X3 型是一种技术先进的梭织机，但其生产效率依旧无法与无梭织机匹敌。但是相较于瑞士制造价格高昂的片梭织机，X3 的制造成本却低得

多，凭借这样的优势，德雷珀公司售出了大量的织机，但德雷珀最终还是认清了全球经济的新形势。随着更宽幅的织机（长达 213 英寸）的发明问世，苏尔寿织机的生产效率比普通梭织机平均提升了 300%。1967 年，罗克韦尔国际（Rockwell International）公司收购了德雷珀公司，但一切都为时已晚。这家制造业集团当时已经意识到该行业的增长潜力，也曾试图通过注入航空航天产业的科技实力与人才智慧以重振这家织布机制造企业的往日雄风，但最终功亏一篑。此情此景与几十年后美国汽车工业所遭遇的困境遥相呼应。德雷珀公司之所以遭遇滑铁卢，是因为它并没有准备好迎接新时代来临以及应对过渡转型的长期变革。相反，它只专注于眼前的短期市场收益，而这些短期收益最终都会被海外竞争对手瓜分蚕食。当然，最重要的原因还在于新东家最终未能兑现其人才智慧与相关资源的投入，同时也忽略了这项日薄西山的生意中尚有一线生机且有利可图的部分。

织边牛仔与非织边牛仔面料的区别

你之所以对牛仔面料的织造感兴趣，很可能是因为你实际上只在意它是否有织边。自从牛仔鉴赏家开始依据有梭织机生产的牛仔面料边缘是否有织边等细节来鉴别一条牛

仔裤是否有价值以来，牛仔面料的织造历史，尤其是两种不同的自动织机的织造方法，便成了一个长盛不衰的话题。

在 21 世纪织边牛仔狂潮的席卷之下，哪怕是一名牛仔新手也能很快辨认出大名鼎鼎的织边牛仔面料与现代宽幅牛仔面料之间的区别。织边牛仔面料凭借其原始的生产制造方式赢得了广泛而深入的市场推广，更因其卓越的品质优势而成为卖点。前一种观点固然无误，但后一种评价却把事情讲得过于简单。

如今，织边牛仔面料被普遍认为是一种高品质的象征，即便对它不甚感兴趣的顾客也能辨认出这一特征，并且自然而然地将其与高质量联系起来。这也是 H&M、Uniqlo、The Gap 和 Topman 等高街时尚零售商在 21 世纪的第二个十年将其纳入各自旗下的产品线，并为此展开强有力的市场营销推广的原因之一。但是，从产品质量角度来看，织边牛仔面料并非比现代宽幅牛仔面料品质更优。实际上，很多时装品牌都会宣传它们推出的原色织边牛仔裤买来就可以直接穿，且长时间不用清洗，但这样会降低它的耐用性，因为面料中持续存在的淀粉残留会使面料逐渐硬化，并产生高对比度的色落，加之油垢污渍等日积月累，这会让棉纤维变得脆弱易断。不过，这与面料的织造方法本身并无多大必然的因果关系。更准确地说，这取决于牛仔裤的日常穿着与洗涤方式。那些对牛仔裤色落效果感兴趣的牛仔迷们通常会选择织边牛仔裤，原因是梭织牛仔面料与宽幅牛仔面料的真正区别在于其美学价值——换言之，也就是牛仔裤的外观、触感以及穿着体验等。

↓ 在梭织过程中，来回穿行于经纱梭口间的木梭引纬装置。

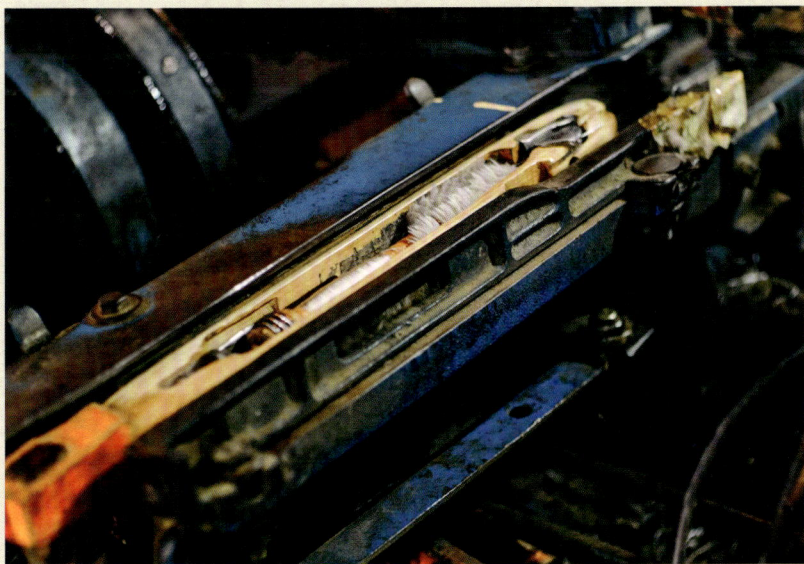

织边牛仔面料通常选取经纱及纬纱中的粗纱（NE

6-4）织造而成，面料质地厚重，这就增加了接缝处的摩擦。较之质地更轻盈的织物，这样的摩擦会导致靛蓝染色更快磨损脱落。因此，纱支数、染色以及洗涤方式、洗或不洗等因素共同作用，决定了牛仔裤的色落。

如果我们剥去这些讲故事的营销推广手段与技巧，这两种牛仔面料真正的区别在哪里？为什么它们在外观、触感以及色落程度上存在如此普遍的差异？意大利第四代牛仔制造商阿尔贝托·坎迪亚尼用了一个词来形容：张力。他解释道："造成这种面料外观差异的原因更多在于梭织织纹的紧密度（经纬密度）。"从本质上说，梭织机相对受限的纺织速度减少了纱线承受的张力，因此能赋予织物更轻盈柔软的手感。此外，梭织机自身的一些固有缺陷也增加了织物的某些特性与不均匀性，这与选用的纱线有关。

由于织边牛仔面料的纺织速度比片梭引纬式无梭织机慢，制造商通常都会选择价格更昂贵的环锭纱。如上文所述，这种传统的纺纱技术自然而然地赋予了纱线最正宗的竹节（slubby）特性，这也是最受牛仔发烧友们青睐的一个特色。由于环锭纱的捻度高于自由端纱线，靛蓝染料的渗透程度相对较低，因此更容易产生对比度更高的色落效果。即使是采用弹力纱线织成（弹力纱通常都是环锭纱）的织边牛仔面料，也比采用自由端纱线织成的宽幅牛仔面料手感更柔软、更具个性特色，以及具有更高对比度的色落效果。在这方面值得一提的是，通常只有纬纱才含有某些弹性拉伸元素，如果使用富有弹性的经纱会很难控制面料的染色与织造。然而，还有一点值得注意的是，采用无梭织机低速纺织环锭纱也能织出具有高对比度色落效果的牛仔面料。■

↑ 通过无梭纺织技术，纺织厂不但在面料生产速度及产量方面得到大幅提升，并且还能生产出更宽幅的面料。

全球热潮
GLOBAL CURRENTS

如果你身上穿的是 The Gap、Uniqlo、Zara、G-Star、J.Crew 等品牌的牛仔裤，甚至是出自 Paul Smith 或 John Varvatos 的设计师品牌牛仔裤，那么它们的面料很可能是在泰国生产制造的。那里有一家公司，由一些印度人在某个爱尔兰品牌的基础上创立，品牌名称源自世界另一端某片海洋的名字。

1999 年，总部位于科克的纺织企业大西洋工厂破产倒闭，第三代印度裔泰国人阿姆林·萨查提帕（Amrin Sachathepa）买下了这家工厂的设备及厂名。到 2002 年，大西洋工厂在泰国的龙仔厝府（Muang Samutsakhon）重新投入运营。几年后，他们用更先进的现代机械设备取代了原有的全部二手机器，只保留了厂名——"让人有些吃惊的是，很少有人向我问起这个名字的来历，可能因为那片海洋离我们实在太遥远了吧。"萨查提帕指出。几年后，它跻身全球最大的织边牛仔面料制造商之列。

但萨查提帕强调，织边只是一种小众兴趣。"对它感兴趣的人其实就那么一小撮。"他说。大西洋工厂的主导地位源自全世界对中端品牌市场与时尚前沿牛仔面料的巨大需求。事实上，该公司每天的牛仔面料产量是 30000 码（超过27000 米）——请注意，是每天。萨查提帕曾预测，人口结构的变化将推动亚洲牛仔服装市场走向繁荣，当然，该公司也从这股席卷亚洲的牛仔热潮中获利颇丰。

"在泰国，我们宛如置身于牛仔文化的中心。这是一个受到各式牛仔风格影响熏陶的什锦大拼盘，包括意式的、日式的、欧式的，以及泰国本土的对复古牛仔面料的狂热"

BEING IN THAILAND PLACES US AT THE CENTER OF DENIM CULTURE. WE'RE A BLEND OF IN-FLUENCES: ITALIAN, JAPANESE, EUROPEAN, COMBINED WITH A THAI LOVE FOR VINTAGE.

"纺织品生产（有别于缝纫）主要依靠机器设备，并非劳动密集型产业，所以我也没有精力继续满世界搜寻更便宜的劳动力，"萨查提帕说，"此外，在泰国，我们宛如置身于牛仔文化的中心。这是一个受到各式牛仔风格影响熏陶的什锦大拼盘——比如说，意大利人更擅长的彩色牛仔面料与日本人最拿手的靛蓝面料的深度结合，还有欧洲人对定向牛仔面料的需求，与泰国人长期以来对复古牛仔面料所展现出的狂热交织融合在一起。在泰国有一大好处，在这里的工厂上班的人真的很喜欢这个主题。"

毋庸置疑，大西洋工厂迅速取得了成功，部分原因在于它对可持续性发展的关注——它是美国公平贸易机构（Fair Trade）认证的有机棉与汉麻的主要消费大户——以及它对创新能力的重视。功能性合成 / 棉混纺牛仔面料最终成为一大产品特色，也是市场需求所决定的。事实上，大西洋工厂之所以对季节性需求变化的嗅觉如此敏锐，其中一个原因就是，萨查提帕家族企业在牛仔面料经营方面拥有长达 40 年丰富的市场经验。在全球范围内代理各大工厂的牛仔面料所累积的经验，让他们对市场变化有着深刻独到的洞察力。但由于很难确保独家专营以及某些市场需求旺盛的牛仔面料的稳定供应，因此，他们最终作出了一个明智的决策：专注于牛仔面料本身的生产，而不再局限于采购。尽管如此，大西洋工厂依然维持着高达四分之一的产品库存，以便为客户提供更迅捷便利的服务，因为这些客户的市场声誉大都依赖于对潮流趋势变化所作出的迅速敏捷的反应。

萨查提帕暗示道："人们大都喜欢更具潮流意识的牛仔面料，他们也想要创新的牛仔裤。当今世界资讯发达，信息获取更容易，这就意味着更容易了解产品的细节——他们想知道品牌背后的故事。但不管牛仔面料如何创新，我们始终秉持这样一个理念：每件最终产品的质地与色彩都应该具有强大的市场吸引力，并且随着日常穿着磨损，牛仔裤的个性特色也将随之改变。这一指导理念比生产任何一种牛仔面料都更为重要。"■

重塑
"中国制造"
REMAKING "MADE IN CHINA"

赤芸（Red Cloud）品牌挑战了
世人对一个国家的刻板印象，为服装
制造业开启了一个令人惊叹的行业创想：
中国本土生产制造的高端牛仔服装。
凭借其高质量的产品、独家获取的新疆
吐鲁番棉花原材料优势，以及能让牛仔
呈现出壮观的色落效果的织造工艺，
赤芸似乎已经成功在望。

从某些方面来看，赤芸的横空出世就是为了证明
一点。新加坡牛仔时装店 Tuckshop & Sundry Su-
pplies 的合伙人詹姆斯·栋（James Dung）解释道：
"'中国制造'这个标签一直以来都难以把控——
当然，如今它自有其深刻内涵。"这家店是赤芸品

"你会从客户那里获得正面反馈，
然后当你告诉他们这些产品都是
中国制造时，一个个都满脸惊讶。"
YOU GET A POSITIVE REACTION
FROM CUSTOMERS AND THEN
COMPLETE SURPRISE WHEN
YOU TELL THEM IT'S MADE IN
CHINA.

← 赤芸品牌创始人
任志远（英文名：
Raymon Ren）。

牌的首家中国境外零售代理经销商。"局面正在发生改变，但始终存在一种刻板印象，认为中国制造似乎品质堪忧。任志远试图力证这种观念是错误的。他是中国人，他想在自己的国家干成这件事。"

雷蒙（Raymon）是任志远的英文名，他是一位曾接受过专业油画训练且颇有建树的艺术家，他对老式缝纫机一直抱有一种强烈的痴迷与热爱，并且自学掌握了它们的操作使用方法。他的绘画专长也令其服装图样设计技惊四座。于是，好事接踵而至。2009 年，任志远推出了个人的牛仔时装品牌：赤芸（Red Cloud Overall MFG & Co.），产品系列主打复古剪裁缝纫风格，而品牌中文名称则象征着一种极具使命感的宣言："赤"为红，代表中国人的颜色。而"芸"则是一种在中国极为常见的芸草植物，具有旺盛的生命力与强大的自我修复再生能力。

任志远本人的行事风格同样雷厉风行。"他当时就门外汉一个，没有半点儿时尚从业背景，"栋说，"但在自己建厂之前，他雇了一家厂子来生产他的设计，并且在此期间花了很多时间和精力学习牛仔生产制造的各种相关专业知识。"建立自己的产品线，严控生产标准，只雇佣经验老到、技艺娴熟的缝纫工。"从技术水平到工作条件以及工资待遇，该行业的一切似乎都与人们的刻板印象截然相反。"栋说道。当然，也并非没有挑战。赤芸品牌成立之初，中国本土牛仔服装品牌寥寥无几，尽管全世界大多数服装都是中国制造。当然，在一个很大程度上都依赖于美国或日本产品的市场，要打开赤芸的销路也可谓困难重重。事实上，迄今为止，赤芸的产品在很大程度上也依赖于牛仔服装的设计传统——传统风格的牛仔面料（17 盎司的 R400 已是行业标配）、阔腿卡其裤、工装衬衫等。但它始终在积极地参与市场竞争，并且不局限于产品价格。赤芸拥有自己的生产线，因此可以通过更低的销售价格占领市场。栋认为，赤芸的品质完全不逊色于日本制造。

赤芸还可以骄傲地宣称另一项第一：该品牌标志性的牛仔面料，其原材料来自新疆吐鲁番出产的棉花。这是一种可与津巴布韦棉平分秋色的中国产长绒棉，日本品牌 Fullcount 是率先将津巴布韦棉用于织造牛仔面料的牛仔品牌。任志远拥有吐鲁番新疆棉的独家使用权优势，并签约一名织工专为赤芸品牌织造牛仔面料。此外，在面料生产的实时控制方面，任志远也有自己的计划安排。他所使用的牛仔面料采用了一种独特的织造工艺：并非将独立的靛蓝色纱线与白色纱线进行简单的交织组合，而是在织造前就将靛蓝纱线与白色纱线巧妙地捻合于一体，这道工序在其牛仔面料的背面最引人注目。综合以上众多因素，赤芸品牌可以宣称：它不但是一种极具耐久性的牛仔面料，而且还能产生让牛仔爱好者们心心念念的壮观的色落效果。

"你会从客户那里获得正面反馈，然后当你告诉他们这些产品都是中国制造时，一个个都满脸惊讶，"栋在谈及他在该品牌的零售经验时这样说道，"某些人就是不喜欢这个想法，鉴于一些高端牛仔服装品牌对其他国家的市场关注度，我能理解这一点。但人的态度总是会变的，正是因为有了赤芸，我们才得以期待中国制造商随着时间的磨砺在牛仔服装市场上占领更大的市场空间。"■

"白橡木" 的传说
THE LEGEND OF WHITE OAK

美国 Cone 公司之于牛仔面料生产，就如同 Levi's 之于牛仔裤制造。这家牛仔面料制造商的发展历史可以追溯至一百多年前，它从最开始便参与了牛仔面料行业的整个演进历程，它的故事与整个行业的发展就如同经纬纱线般错综交织于一体。以下是对 Cone 公司的历史回顾与未来展望，还有关于"白橡木"的一些鲜为人知的小秘密。

用"传奇"二字来形容位于北卡罗来纳州格林斯博罗的 Cone 工厂，可谓恰如其分。该公司 CEO 肯·昆伯格（Ken Kunberger）表示："事实上，尽管 Cone 公司在牛仔面料创新方面可谓功勋卓著，但它最大的贡献就是与所有建设牛仔面料行业的美国公司同舟共济。Cone 公司已融入牛仔面料的历史，我们有太多关于牛仔面料发展历程的背后的故事。"

Cone 公司是美国最古老的牛仔面料生产制造商，由德国移民兄弟摩西·科恩（Moses Cone）与凯撒·科恩（Caesar Cone）于 1891 年创立并运营至今。公司的牛仔面料年产量高达 1 亿码。当然，由于 Cone 公司也在墨西哥和中国进行生产活动，并且开发了弹力牛仔等创新面料产品，因此其织边牛仔面料的产量可能只占面料总产量的十分之一——从 1915 年至 20 世纪 80 年代中期，几乎所有的 Levi's 服装都采用了这种织边牛仔面料，引发了一众日本厂商争相复刻。

"Cone 公司已融入牛仔面料的历史，我们有太多关于牛仔面料发展历程的背后的故事。"
CONE IS INTERWOVEN INTO THE STORY OF DENIM. WE'VE COVERED A LOT OF BACKSIDES.

透露得更具体一点，这种特殊的织边牛仔面料就是 Cone 公司大名鼎鼎的旗舰产品：白橡木牛仔面料，产自 Cone 公司于 1905 年收购的白橡木工厂，之所以取这个名字，是因为这家工厂曾经坐落在一棵参天大橡树下。在这里，牛仔面料是由美国德雷珀梭织机织造的，这是世界上仅存的仍用于生产的一种织布机（而且，据 Cone 公司所提供的信息，这种机型从未传入过日本海岸，当然，那些关于牛仔面料的坊间神话不在此列）。

昆伯格说："参观它们的生产流程就像逛博物馆，会把你带回到一座百年老厂，在那里，织布机还在木地板上颤动作响。"此情此景在 1908 年再常见不过，当时 Cone 公司是世界上最大的牛仔面料制造商，对于牛仔发烧友来说，"织机的声响就像音乐一样美妙，如同粉丝去膜拜猫王的雅园一般，白橡木工厂是他们向往的圣地"。

这些从久远年代留存下来的古董织机如今已极为罕见，如果需要更多这类织布机，Cone 公司就得去美国南部的废品回收站搜罗，但是许多都已经变成了废旧的金属，需要投入大量人力物力对其进行专业修复，最终才能投入生产。但正是它们的撞击颤动——所谓的"织机颤振"——造就了白橡木牛仔面料最显著的特征：轻捻粗纱产生的竹节效果，呈现出红色外观和"多粒结"状特色纹理，再辅以美国制造的光环，从 Tellason、Raleigh，到 Left Field、Rising Sun 等一众美国手工牛仔裤制造商都会选择与白橡木合作，开发独家面料。它所承载的历史意义如此重大，就连没有爱国牌可打的新西兰品牌 Ande Whall 也照样对其青睐有加。

将白橡木作为一个独立于 Cone 公司的品牌推广亦非新鲜事。Cone 公司负责产品研发的副总裁卡拉·尼古拉斯（Kara Nicholas）指出，在 20 世纪初的几十年里，诸如《乡村绅士》（The Country Gentleman，美国 1852—1955 年农业杂志）与《进步农民》（Progressive Farmer）等刊物都曾对 Cone 公司出品的特定面料进行过推广报道，以宣传其与众不同的特性。此外，Cone 公司也曾在毛巾布、青年布、灯芯绒、法兰绒等各种耐磨面料方面大放异彩。

尽管如此，人们重新燃起对手工牛仔面料产品的兴趣这件事还是大大出乎 Cone 公司的意料。2003 年，这家公司经历了破产倒闭，幸亏威尔伯·罗斯（Wilbur Ross）及时出手，在它倒闭不久后便将其收购，又紧接着将其纳入当时刚成立的国际纺织集团（International Textile Group）。随着市场对白橡木牛仔面料的需求重新呈现增长态势，它最终有惊无险地存活了下来。

"我们认为这样的需求还会一直持续下去，"尼古拉斯表示，"这并不是一时'老俗套'的风潮，而是一种对品质的追求。因为人们会希望自己的服装有故事，也渴望其成为传统的一部分。"或者就像自诩"车迷"的昆伯格所说的那样："人们永远不会对 1968 年的福特野马跑车失去兴趣，哪怕四周随处可见更先进的新款车型。但无论如何，总有人想要拥有野马。"

如今，作为美国牛仔面料制造行业的先锋企业，Cone 公司早已在一众日本和世界各地高端生产厂商的包围中脱颖而出，并且在全球范围内逐步展现出鹤立鸡群的发展态势。面对这样的竞争局面，Cone 公司表现出赞赏与欢迎的态度。但昆伯格指出："即便是日本制造商也对 Cone 公司的产品极为着迷。"或许 Cone 公司在手工生产工艺方面确实略显颓势，但在历史的滚滚长河中，它永远星光璀璨。■

为何一本正经？
WHY SO SERIOUS?

尽管羊绒牛仔、真丝牛仔还有反光牛仔等一系列特制混纺面料牛仔裤只占 Naked & Famous Denim 创新风格牛仔裤家族中的一小部分，但已经足以让该品牌在其他众多制造商中脱颖而出。尽管牛仔纯粹主义者可能更专注于使用产量稀少的日本牛仔面料，但对于 Naked & Famous Denim 的品牌创始人而言，这一路走来仍然其乐无穷。

世界上最重的牛仔裤，面料重达 32 盎司？还有夜里能发光的牛仔？亚麻混纺或羊绒混纺牛仔？一条裤子上左斜纹和右斜纹同时存在，还组成棋盘纹样？闻起来有覆盆子味道的 scratch 'n' sniff 牛仔又是什么？或许有些人会将这样的创意视为哗众取宠的噱头，但蒙特利尔牛仔品牌 Naked & Famous 的创始人布兰登·斯瓦尔克（Brandon Svarc）更愿意称其为"奇物共赏"。

"有些真的只是在开玩笑，"他坦白承认，"我们曾经做过一条用乙烯基制成的隐形牛仔裤。但很多这一类的特殊面料都卖得很好，其中一些代表了真正意义上的功能创新——比如羊绒牛仔，或者适用于自行车骑行的反光牛仔。这很疯狂吗？对我们来说，一条深色原色牛仔裤配一颗大金纽扣才叫噱头。事实上，其他很多牛仔服装公司都认为，只需要稍微挪一挪裤袋的位置，就能变出一种新风格。但我们不是，所有创新都体现在实打实的面料上。这些都是以前没有人做过的事情。"

看到这些天马行空的想法最终结出累累硕果，斯瓦尔克心中的骄傲与自豪溢于言表——有时候，一种面料的开发可能需要耗时两年，虽然也想玩个尽兴，但工作就是工作，还得严肃对待。Naked & Famous 品牌的大部分产品都是在价格方面颇具竞争优势的——使用日本牛仔面料制成的深色、原色和素色牛仔裤。正如斯瓦尔克的得力干将巴扎德·特里诺斯（Bahzad Trinos）所说："日本牛仔面料确实售价不菲——它依然是一种手工制造的老式产品，而且产量稀少。"但由于产品销售并

不采用代理商及渠道分销网络模式，因此其价格涨幅也能维持在最低限度。如果你喜欢，这是一款价格最为公道的手工牛仔面料。

毫无疑问，斯瓦尔克的祖父会应允他的做法：他的祖父在战后移民加拿大，之后成立了一家公司，专门从事基本款工作服、狩猎装备以及监狱制服的生产，斯瓦尔克的父亲也为家族企业效力。斯瓦尔克回忆道："当时我就一小屁孩儿，爸爸卖猎刀，反正肯定会有那么几把不见了。他还卖玩具枪一类的小玩具，所以，每天我过得别提有多乐呵了。"他的祖父后来创立了 Paul Rose Products 品牌（以他本人及夫人的名字命名），而斯瓦尔克——可能命中注定要成为企业的第三代掌门人——甚至还拥有一款以自己名字命名的牛仔裤，这是为庆贺他的出生而专门打造的。斯瓦尔克直言不讳："这款名叫 David Brandon 的牛仔裤真的有点老土——就是中规中矩的工作服，不过至今仍然能够买到它。如果你有条用自己名字命名的牛仔裤，那你就真的必须从事牛仔裤生意不可了。"

虽然斯瓦尔克和特里诺斯可能并未受过传统牛仔或复刻牛仔的熏陶，但他们都是彻头彻尾的牛仔迷。或许是鉴于他们的面料创新实验，你无须为 Naked & Famous 牛仔裤的水洗与后整理伤脑筋。特里诺斯带着些许讽刺意味地说道："并不是说我们反对牛仔裤做旧，但奇怪的是，人们竟然愿意出高价买一条看起来破破烂烂的牛仔裤，而不是去买条完好无损的。我的意思是，哪有人会

为了生锈的轿车或者磕坏的苹果多花一个铜板呢。但很多人仍然不知道区别在哪里——人们仍然会追问我'原牛（原色牛仔面料）'究竟是什么？也不知道这其实就是牛仔面料的真正含义。虽说原牛是个小众市场，但总比穿条臀部绣条龙的牛仔裤要好吧。"

事实上，服装风格特立独行、古灵精怪且直言不讳的 Naked & Famous 品牌始终徘徊于牛仔行业的边缘地带。或者，正如斯瓦尔克所认为的那样，自己是个局外人，并且还是个加拿大人，他特别强调了这一立场。"至少我很喜欢我们不是美国人的事实，"他说，"我太了解那些美国公司了，它们的产品全都在洛杉矶生产，全都用 Cone 公司的牛仔面料，看起来也全都一个样……"

不必惊讶，连品牌的名字都是故意恶搞的。Naked & Famous 于 2008 年创立，当时市面上充斥着各种单纯依靠明星光环及名人效应兜售牛仔服装的品牌，销售的都不是质量过硬的产品。斯瓦尔克说："当时有很多特别扯淡的好莱坞品牌，销售一些价格虚高又荒谬可笑的牛仔裤，将品牌命名为 Young & Broke 或 Rich & Skinny。所以我们就想取个能对这一切加以嘲讽的品牌名称。有件事特别好玩儿，我们的品牌刚创立时，竟然有人以为我们是那些好莱坞品牌中的一员。但你知道，还是有很多人分不清我们与这些品牌的不同。"■

面料后整理
FABRIC FINISHES

牛仔面料生产工序中最后的点睛之笔，能让一切都变得不同。随着追求原色牛仔面料本源的传统时尚理念回归，以及织造完成后的整理工艺对牛仔面料外观、触感和穿着感受等产生的广泛影响，面料后整理已经成为牛仔迷们热烈讨论的一个话题。

➡ 各种靛蓝色调的牛仔裤展示。

在创立 Indigofera 品牌之前，马茨·安德森曾在一家牛仔服装店里工作，他说："直到 20 世纪 90 年代初，还有很多顾客拿着洗过后变得歪斜的牛仔裤到店里退货。而与此同时，我却在二手店里寻找 Levi's 大 E 时期（Levi's 品牌的 Big E 系列。检查口袋商标上 LEVI'S® 一词是否全部大写，若全部大写则称为 Big E，表示牛仔裤是 1971 年之前生产的）的 501 牛仔裤。它们全都裤腿歪斜，但看起来真的棒极了。人们都追求完美，然而真正的完美恰恰就在于事物的不完美，其随着时光的流逝而褪尽铅华，牛仔必定属于这种美。"牛仔面料生产的收尾整理阶段需要完成两大主要目标——确保面料尺寸的稳定性，并用创意整理工艺为其增光添彩——这是创造（不）完美感的重要组成部分。

刚从织机上取下的牛仔面料通常被称为坯布（loom state），在这一阶段，牛仔坯布表面因为棉纤维过多而看起来毛茸茸的，并且缺乏尺寸稳定性。在牛仔面料的纺纱、染色与织造工序中，纱线在持续的张力作用下，无论长度还是宽度都会产生拉伸。你在选购一条牛仔裤时，如果面料没有经过预缩处理，那么在经过几次穿着洗涤之后，随着纤维的放松与收缩，它会变回原始的尺寸，会出现 10% 左右的缩水率。这意味着你应该选择购买长一些、宽大一些（因为纬纱也会收缩）的尺码，来补偿预期的缩水。牛仔面料还会在斜纹方向上变得歪斜，尤其在洗涤过后会特别明显，这就产生了所谓的"扭骨"，即裤腿歪斜扭曲。

在蓝色牛仔裤最初出现的时期，采用牛仔坯布制造的牛仔裤依然是人们的不二之选，但这并未能阻止蓝色牛仔裤最终艳压群芳成为广受追捧的热门选择。尽管如此，依然有一部分人认为，在购买牛仔裤时，最好免去太多后顾之忧，这就是为什么牛仔服装品牌与面料生产厂商会开发面料后整理工艺。如今，在每天售出的数百万条牛仔裤中，很少有由牛仔坯布制成的，尽管近年来对这种面料的需求一直处于上升态势。

预缩

在牛仔面料生产中，后整理工序对面料的外观、触感与穿着体验都会产生显著影响。可以这么说，牛仔面料最重要的后整理工序是预缩水处理，也叫预缩（sanforization），

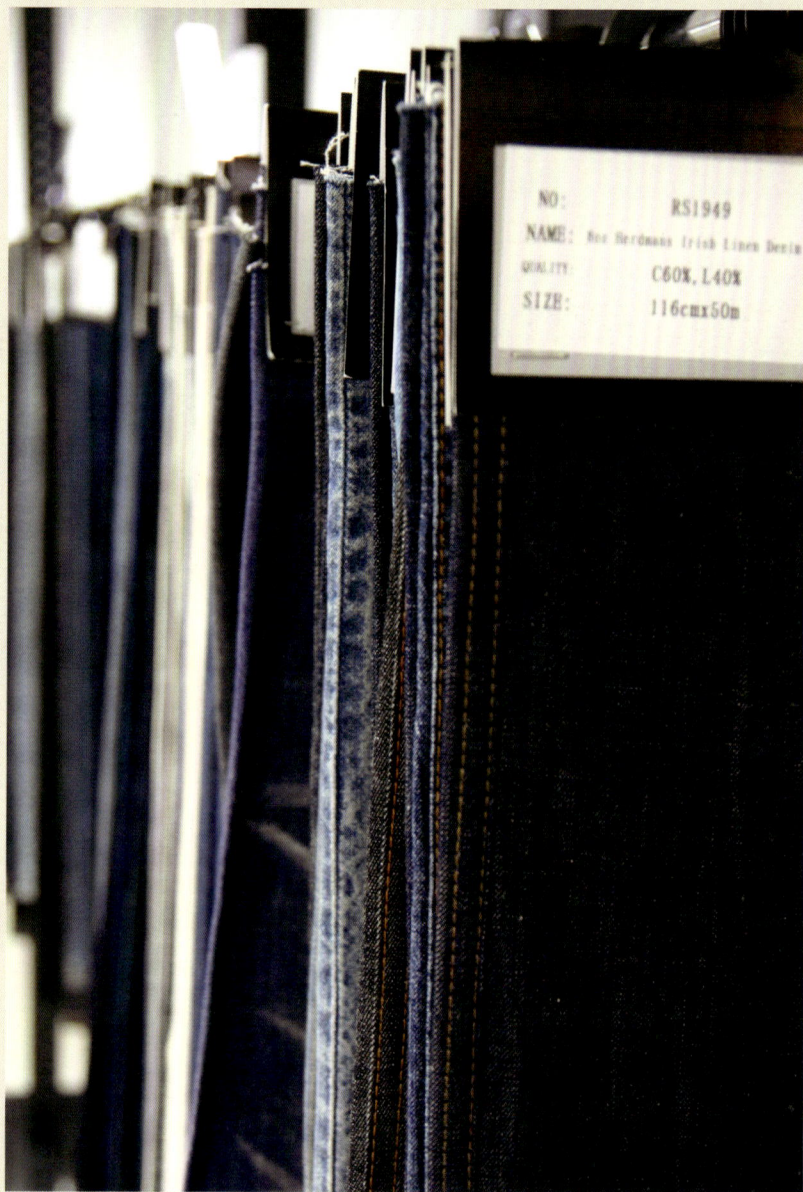

NO: RS1949
NAME: Rex Herdmans Irish Linen Denim
QUALITY: C60%, L40%
SIZE: 116cm×50m

这是确保牛仔面料尺寸稳定性最重要的一环。

20 世纪 20 年代末，美国人桑福德·L. 克吕（Sanford L. Cluett）开发了一种纯机械传动带压实工艺，通过采用两个热压辊将纱线压实在一起的方法，无需使用化学品即可对牛仔面料进行预先收缩处理。这种可控收缩工艺以其发明者的名字"Sanford"命名为"sanforization"（预

缩），该发明由 Lee 品牌于 20 世纪 30 年代初首次引用。预缩流程显著降低了织物面料的缩水率，让制造商做到心中有数，可以准确判断织物经过预缩后经纱和纬纱的缩水百分比。

在预缩工序中，首先要将织物润湿，这一步通常要借助蒸汽来完成。这样做是为了对织物纤维起到润滑作用，增强其收缩性，从而使牛仔面料更容易压紧压实。在压力辊与橡胶辊间挤压一条连绵不断的橡胶毯，使其拉伸，之后将面料放入被拉伸的橡胶毯与热压辊之间。随着橡胶恢复到原始长度，牛仔面料的经纱便完成了收缩工序，纬纱也被压得更加紧密。牛仔面料完成收缩后离开橡胶毯被送进烘干箱，随着水分的流失，烘干箱里的纤维最终被锁定在收缩状态。经过了预缩工序的牛仔面料，要么被折叠平整以避免拉扯，要么被卷到一根卷轴上。

商能够确定织物的弹力大小。牛仔面料受热时间越长，弹性就越小。

↑ 深色干牛仔面料上凝结的水珠。

确保面料尺寸稳定性的
其他方法

根据不同的预期效果，面料后整理的步骤也不尽相同。除了预缩之外，牛仔面料通常还要经过一系列其他重要的常见后整理工序，包括拉斜与热定型。

拉斜 / 整纬（skewing）是处理牛仔裤自身所具有的一种特殊问题的解决办法，需要具备一定的关于牛仔面料组织结构的专业知识才能理解，即裤腿歪斜扭曲（也称扭骨）。随着穿着和洗涤，纱线之间的角度关系逐渐放松，这种歪斜现象会越发明显。尽管这种自然而然产生的牛仔面料在其斜纹线方向上歪斜扭曲的倾向多年来始终是牛仔裤的一大痼疾，但实际上也有一部分牛仔发烧友，正是因为偏爱这种裤腿形态才购买某些复刻品牌的牛仔裤。在 20 世纪 60 年代中期，Wrangler 品牌推出了一款破斜纹组织（broken-twill）牛仔裤，因为当时的消费者并不希望看到扭曲变形，而这款牛仔裤的面料采用了人字形锯齿斜纹纺织工艺来缓解扭骨状况。扭骨问题在 Levi's 牛仔裤上尤其严重，特别是在喇叭形牛仔裤日渐大行其道的服装潮流趋势下，这一问题更为突出。顾客们纷纷退回变形走样的牛仔裤，他们需要一种解决方案，而不至于放弃这种眼下最时髦的 3×1 牛仔面料。20 世纪 70 年代初，卡琳·哈坎森（Karin Hakanson）被寄予厚望，承担起寻找问题解决方案的重任。最终她不负众望，发明了拉斜（又称整纬）工艺，并于 1976 年获得此项专利，而 Levi's 公司则是该专利的受让人。右斜纹呈逆时针方向扭曲，左斜纹呈顺时针方向扭曲。拉斜工序通过刻意将右斜纹逆时针扭曲，左斜纹顺时针扭曲，以补偿面料歪斜的内应力。然而，即便已经进行了整纬，后续的剪裁与缝纫工艺仍然会导致裤腿扭骨现象发生，特别是在锥形牛仔裤上。

最后一关是热定型。对于弹力牛仔面料来说，这是至关重要的环节。热量改变了合成纤维的分子结构，使制造

面料的创新后整理工艺

几十年来，确保牛仔面料尺寸稳定性的后整理工序一直是行业生产标准，而制造商也在不断探索新技术，以提升织物在触觉及光学等方面的表现。烧毛（singeing）、丝光（mercerization）、涂层（coating）、泡沫处理（foaming）、刷毛（brushing）、轧光（calendering）、布面光学技术处理（flat optic look finish）、树脂整理（resin application）以及过度染色等都是最常用的一些工艺。

在烧毛工序中，牛仔面料的正反两面依次快速掠过火焰上方，于是面料上多余的纤维绒毛便会被烧去。这通常是第一道后整理工序。烧毛后，如果织物在后续流程中无需进行丝光处理，则需要退浆。近年来，原色牛仔面料因其独特的绒毛状外观而广受牛仔发烧友的青睐与追捧。如果说，毛茸茸的牛仔裤在严格意义上被归于传统一派，那么经过烧毛处理后的光洁平整则是"时尚"牛仔面料的必要条件。烧毛肯定会影响到面料的外观及手感，但对色落效果不会产生影响。

尽管丝光是一道化学处理工序，但也并非前所未有的稀奇事物。1844 年，约翰·默瑟（John Mercer）发明的丝光工艺改变了纤维的物理外观及特性，即需要使用浓度烧碱溶液对处于张力下的织物进行丝光处理，在浓度烧碱作用下棉纤维膨胀变形变得更圆。尽管这样的处理方法实际上会使纤维吸收更多的染料，但牛仔面料的丝光工序通常在染色工序结束后进行，其目的是让织物表面手感更光滑，增强其光泽质感。丝光处理流程中碱性溶液的腐蚀作用不仅能去除多余染料，还可以除掉面料中残留的淀粉物质。此外，丝光处理工艺有时也被用于弹力牛仔面料的后整理，以取代热定型。

今天，几乎所有的牛仔面料都会以这样或那样的方式进行后整理，要么是为了确保面料性能稳定，比如弹力牛仔面料，要么是出于审美需求的考量。■

世家传奇
ALL IN THE FAMILY

阿尔贝托·坎迪亚尼经营着一家全球最具创新意识的牛仔面料纺织厂——Cadiani Denim。这是一家建立在传统基础之上并致力于环保事业发展的家族企业，在新染色工艺与材料研发方面占据着行业领先地位，并且在持续探索传统织边牛仔与创新技术如何和谐共存的问题。

"每每谈及对牛仔面料的贡献，意大利总要靠边站——哪怕是在意大利，"阿尔贝托·坎迪亚尼说，"正是由于这种刻板印象的影响，人们首先想到的要么是日本，要么就是美国，然而美国现在几乎已经不再生产牛仔面料。说到设计、时尚，尤其是创新，我一定会将意大利排在首位。"

鉴于他的血统，坎迪亚尼很可能会这样说：他是经营 Tessitura di Robecchetto Candiani S.p.A. 家族企业的第四代传人（这家企业如今有个更响亮的名号：Candiani Denim），该企业堪称业界最具进取精神的面料厂商。1938 年，路易吉·坎迪亚尼（Luigi Candiani）在米兰附近成立了这家公司，生产"massaua"，这是一种 2×1 的工作服面料。直到 20 世纪 60 年代，该公司才开始涉足牛仔面料的生产制造。牛仔面料对于当时的意大利来说还是一个相对新奇的概念。坎迪亚尼表示："尤其是对于一家纺织企业而言，你必须像经营家族生意一样去打理，才能带动员工们跟你同

心同德、继往开来。"不过，他的纺织厂并不只是一家垂直整合的家族企业——它还因其创新精神而声名远扬。

例如，坎迪亚尼牛仔是首家使用片纱染色法（slasher dyeing）——在意大利发展成熟的第一种靛蓝染色技术——取代了绳状染色法（当时其被作为行业标准）的公司，这一创举使其成为探索牛仔面料色彩一致性的开路先锋。该公司还开发了其他一些技术，从而引领牛仔面料生产走上可持续发展的道路，这些技术也带来了令人欣慰的意外收获。

该公司创新研发的染色技术被称为 Indigo Juice，是一种将靛蓝染料固着于纱线表面的染色方法，在应用这种方法对牛仔面料进行染色处理的过程中，在经过各种水洗工艺流程时可以达到省水省电、节能环保的目的。Cadiani Denim 还与供应商联手研发了 N-Denim 法，这种技术简单讲就是在牛仔面料完成染色工序后，先将其暴露在氮气中，之后再暴露于氧气中（氧化是将靛蓝染

色产品变为深蓝色的一个步骤）。通过该步骤，牛仔面料只需在染槽中浸渍 2 次就能获得更为深邃饱满的靛蓝色彩，而不必遵循先前采用的 5~6 次的浸渍标准。

坎迪亚尼说："牛仔面料生产通常会耗费大量的水资源，靛蓝染料也并非最洁净的化工产品。老实讲，我们之所以研究氮气工艺，是因为觉得它能为我们带来一些更生动有趣的色彩，事实证明确实可行。但是，话分两头，我们的公司位于自然保护区中心，所以'生态友好、环保先行'始终是我们秉持的发展理念与坚持的生产模式。"

坎迪亚尼牛仔也可以高调宣称——或许这会让牛仔纯粹主义者大为光火——自己是全世界顶级弹力牛仔面料研发领域的领军者。事实上，弹力牛仔占该公司面料总产量的 75%。坎迪亚尼牛仔生产过一款 75% 弹力、能完全复原且不会"发福"的牛仔面料，意思就是牛仔裤不会出现松垮变形。

"20 世纪 90 年代，那时没有谁真正考虑过牛仔面料本身的弹性问题。当时能用的东西大都很丑，品质也差，"坎迪亚尼回忆道，"但我父亲［詹路易吉（Gianluigi）］预测，女性将来一定能穿上让自己身型更加出众的牛仔服装：更轻盈柔软，更修身合体。尽管在竞争对手看来，这种趋势预测很愚蠢，但对我们来说，事实上它随后立马就变得广受欢迎。"

阿尔贝托·坎迪亚尼和他的祖辈们一样，时刻准备打破传统。他对传统面料织造技术表现出的浓厚兴趣促使他游说父亲为公司购入 36 台老式有

坎迪亚尼家族。

牛仔面料制造商坎迪亚尼家族第四代掌门人阿尔贝托·坎迪亚尼。

梭织机，这样一来便能填补织边牛仔面料生产的空缺。"尽管他对此举也没有太大把握，"阿尔贝托·坎迪亚尼回忆道，"于我而言，这就是锦上添花的做法，而我的父亲更关心的是如何把控好生产。"然而没过多久，该公司就推出了第一款弹力织边牛仔面料，它既保留了环锭纱牛仔面料的不规则特性，同时又兼具舒适性且不会变形。

坎迪亚尼指出："关键是我们织造的牛仔面料看起来并不像弹力牛仔。虽说这可能是牛仔面料未来的发展方向，但我个人认为弹力织边牛仔会受到大众青睐，因为它对男性和女性都具有同样强大的吸引力。"事实上，坎迪亚尼的面料创新实验仍在继续，其中包括将天丝或莫代尔（一种强韧的，以木浆为原料的纤维）等高科技纤维引入牛仔面料生产。坎迪亚尼公司对其弹力牛仔面料背后的织造科学技术秘而不宣。

"不过，有一点很明确，"坎迪亚尼说，"牛仔面料不再拘泥于 100% 纯棉的桎梏，并且我也早已不再是个牛仔纯粹主义者。"■

如何制作牛仔裤
HOW JEANS ARE MADE

现在到了生产的第二阶段，也就是牛仔裤的制作阶段。与第一阶段一样，在这一阶段所进行的具体操作任务对服装最终呈现的观感有着很大影响。并且，与牛仔面料生产的"规格标准"一样，牛仔裤的制作结构如今也成为一项重要的选购指标。曾经只能被作为牛仔时尚分支的手工牛仔，随着手工牛仔面料的复兴，开始逐渐走入人们的视野，成为他们关注的焦点。

结构
CONSTRUCTION

我们往往会觉得牛仔裤的实际生产制作步骤是理所当然的，转而将注意力集中在面料、创新后整理技术，或者服装外观及款式风格等方面。但是，牛仔裤的制作方法会极大地影响我们对牛仔裤的价值认知，以及它所唤起的内心感受，这一点对牛仔发烧友们来说尤其如此。

➡ 制作一条完美牛仔裤的首要条件是好的版型，传统上采用手绘制版。

每个人都可以利用最基本的缝纫工具在家自制牛仔裤，但专业的牛仔裤生产制作需要几台特殊的缝纫机，外加多年的缝纫技术训练与经验累积。随着人们对牛仔裤的需求不断增长，全球牛仔裤年产量已突破 10 亿条。牛仔服装早已转变为流水线生产，服装工人们专注于自己的某项具体任务，从而在最大程度上提高了生产效率。

随着传统手工牛仔时尚的回归，我们见证了牛仔裤手工制造工艺的复苏，数百位雄心勃勃的牛仔工匠纷纷开设店铺，特别是在那些通常将服装制造业外包出去的第一世界国家。很有意思的是，在这些牛仔工匠当中，许多人其实并未接受过任何正规的专业纺织品生产培训，往往只是牛仔发烧友们凭着自身对牛仔裤的满腔热爱，试图亲自动手尝试制作牛仔服装。在很大程度上，这是由于消费者开始对他们穿着的牛仔裤是如何缝制而成的这一问题产生了兴趣，进而提出了疑问。对于牛仔裤爱好者来说，特定的牛仔版型或不同的缝线类型所带来的最终效果往往有着天壤之别，探究牛仔裤的制作方法非常重要。

每条牛仔裤都始于制版

牛仔裤最初是为满足工人劳动需要而设计生产的服装，这就意味着它们的剪裁及缝纫方法主要由耐用性与易穿性决定，至于服装的外观则并非重要考量因素。牛仔裤的生产制造流程分为三个阶段：制版、剪裁与缝纫。

首先，服装设计师通常会与制版师合作，利用专业的计算机制版软件制版。当然，也有一些小型工厂目前仍采用手绘制版。

这一步对牛仔裤的结构塑造至关重要，并且决定了最终成品的上身效果。牛仔裤的后约克 / 育克尤其重要，传统牛仔裤后约克是指后臀部上部裁片，呈 V 字形，是牛仔裤的标志性设计特征，这在休闲裤或斜纹棉布裤上并不常见。后约克拼接弧形后臀部裁片与更短的前片共同赋予了牛仔裤特有的贴合身形的剪裁，这也是为什么一条合身的牛仔裤可以免去系腰带或吊带的麻烦。除了后约克，整条裤腿的版型也在制版师的设计考量中。

版型设计完成后，会在专用的纸或硬纸板上绘制出版型图样，然后平铺在面料上，在批量生产过程中，使用专门的裁剪刀一次性剪裁切割多层铺展开的面料。而传统牛仔服装工匠通常每次只能裁剪一层面料，使用的可能还是一把老式的裁缝剪刀。当然，无论采用何种剪裁方式，一条普通的牛仔裤至少需要大约 20 个独立的裁片。所有部位的裁片都被裁切完毕后，就可以开始进行下一步的拼合缝纫了。

牛仔裤的基本缝纫步骤

一条裤子之所以被称为牛仔裤，除了在选料上采用机织牛仔面料以外，剪裁及缝纫也自有一套不成文的规则，其中最著名的几个缝纫步骤包括：裤腿接缝、加固缝（bartack，又称打枣），以及裤脚明线缝合。

牛仔裤的裤腿接缝

传统上，牛仔裤腿外侧接缝采用平缝（注：busted outseam，指织边一侧采用平缝或锁边平缝），内侧接缝（inseam）采用压线缝（top-stitched，辑明线）工艺。外侧接缝平缝是指将布料的正面相对缝合在一起，对于靛蓝染色的牛仔面料来说，就是将蓝色那一面缝合之后，通过熨烫将两道缝份（seam allowance，又称做缝，是指从布边到接缝缝入的部分）压平展开。梭织牛仔织边（布边）通常被用于裤腿外侧接缝。而对于现代宽幅机织牛仔面料，边缘需要锁边以防止脱线。内侧压线缝是指将面料正面相对缝合在一起，随后将缝份毛边锁边缝合在一起，再将缝份折叠，进行明线缝合。最终效果：裤腿内侧接缝的外观会呈现出一条美观优雅的线迹。尽管这些都是最传统的缝纫技法，但它们存在一个致命的缺陷：强度不足。

外侧平缝的问题在于，它相对容易撕裂，因为通常只有一条缝线固定。内侧压线缝则相对更为强韧牢固，但还有另一种更结实耐用的替代选项：明包缝（flat-felled seam）。明包缝是指将面料的反面相对缝合在一起，留出宽窄余量不同的缝份，再将较窄的缝份包裹在较宽的缝份中，然后再进行压线缝合。这里不作过多专业阐述，重要的一点是，这三种缝制方法在我们今天穿着的牛仔裤上都很常见。外侧平缝和内侧压线缝被认为是最原始的缝制方法，并且在复刻款式上体现得最为明显。而明包缝则因其强韧耐用的优点得以被引入。无论采用哪种缝纫方法，裤腿内侧缝都是在外侧缝及前后片缝合前先行缝制的。

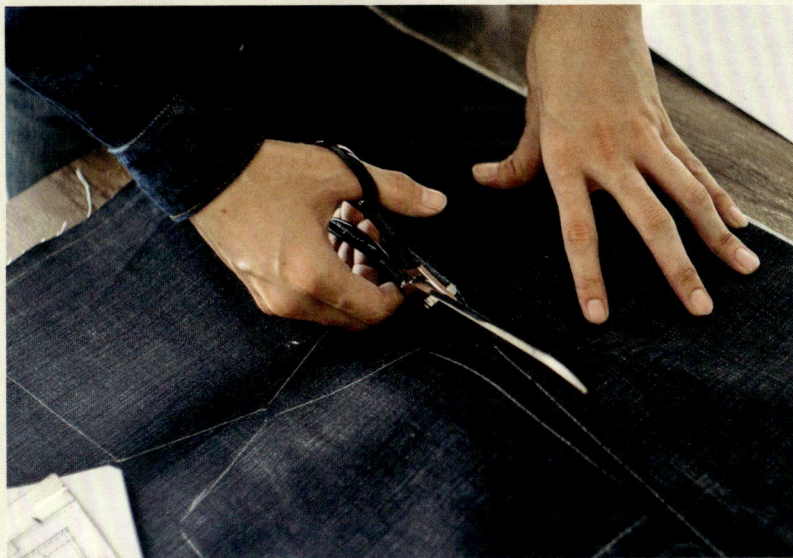

↑ 一条五袋牛仔裤
通常由大约 20 个裁
片组成，其中包括裤
裆和其他一些细节。

裤脚卷边通常被视为高品质牛仔裤的一个必备特征。

但仅仅因为有链式缝线，也不能确保一定会产生绳纹效果。因为一些新型链式缝线缝纫机制造商出于好意对设备进行了技术改良，但这实际上却阻止了绳纹效果的产生。如果设计师们意识不到消费者之所以四处寻找链式缝线裤脚只是因为想要获得这种绳纹效果，并且认定"它们一定要变成这样"才下单购买，那么一旦最终无法达到预期的色落效果，他们的牛仔迷客户们可能就要大失所望了。

牛仔打枣工艺

同样，打枣——一系列起到加固作用的缝合针法——也是缝纫技术创新的成果。正是这种缝制方法的出现，使得撞钉开始显得有些多余。尽管是出于实用性与成本的考虑，但这种作为蓝色牛仔裤最具代表性的细节特征从后袋和前门襟（fly）底部消失了，加固缝（出乎意料）从未成功取代牛仔裤前袋上的撞钉，今天我们依然能在大多数当代牛仔裤设计中看到它的身影。随着人们对牛仔裤的历史重燃兴致，许多复刻牛仔品牌又开始争相主打后袋撞钉这一传统特色，通常采用隐藏式撞钉的设计。除此之外，另一种经历过耐久性相关演变的是裤脚缝合线迹。

裤脚链式缝线与绳纹效果

近年来，最受欢迎的一种线缝便是裤脚上的链式缝线。在古着牛仔裤流行的早期，链式线迹与织边一样，是牛仔收藏家针对旧牛仔裤所采用的一种鉴定依据。尤其是 1939 年首次投入使用的 Union Special 43200G 链式线迹缝纫机缝制的裤脚卷边，随着牛仔裤的日常穿着和洗涤收缩，牛仔裤会产生与链式缝线呈对角状的磨损纹理，这种纹理就是正宗牛仔裤的宝贵特征，被称为绳纹（roping effect，又称裤脚龙卷风 / 螺旋纹理）。

出现这种效果的技术原因在于 43200G 缝纫机型的卷边器、压脚与送布牙造成的送料差。当卷边器将布料卷在一起时，送布牙会移动底层的布料，而顶层布料会被卡在卷边器与压脚之间，经过卷边的布料会出现轻微的歪斜，加之各层的移动速度不同，因此便会产生绳纹状褶皱。

链式缝线的问题在于，如果牛仔裤此前未经水洗，那么它们便很容易散脱。事实上，这也正是当初将其引入生产的原因之一：假如缝纫女工操作失误，那么她们可以很轻松地拆开缝错的线。尽管链式缝线曾被视为一种缺陷，并且在 20 世纪 70 年代与 80 年代逐步被更经久耐用的锁式缝线（lock stitching）取代，但现如今，链式缝线的

缝线

除了不同的缝制方法，缝纫中所使用的线以及这些线如何被缝进面料中，也是牛仔鉴赏行家们时常关注的另一个话题。由于牛仔裤最早是用于生产劳动的工作服，因此，它们都采用粗韧结实的线来缝制。为确保强度，接缝处会采用压线缝与明包缝，因此便会产生明显可见的线迹。对于西部样式，比如最初的五袋款牛仔裤，它的缝线一般不会超过两排。但对于工作服来说，哪怕三排缝线也是常见的。尽管蓝色或黑色缝线在更具现代潮流风格的牛仔裤款式中早已司空见惯，但默认的缝线颜色为黄色和烟草色，因为它们与铜撞钉在色彩搭配上非常和谐统一。除了缝线颜色，牛仔服装设计师还时常通过不同缝线的粗细与针数创造各种有趣的特殊装饰效果。

不存在十全十美的服装构造方法，重要的是消费者被唤起的内心感受。虽然不同的缝制方法在大多数普通消费者眼里没有太明显的差别，但对于牛仔发烧友和鉴赏行家来说，它能成就一条牛仔裤，也能毁了它。他们会心甘情愿为一种缝线多花大价钱。■

← 织边牛仔面料成
为传统时尚追随者衣
橱中不可或缺的重要
组成部分，很多人都
喜欢卷起裤脚以炫耀
其梭织牛仔面料。传
统上，在服装中保留
织边的主要目的是最
大限度地提高面料的
使用率。

➡ 内缝需要一气呵成，其间的分寸，只有经验老到的缝纫师傅才能拿捏得住。

牛仔工程学
ENGINEERING DENIM

G-Star 牛仔服装的标志性剪裁，是该品牌首席设计师在受到摩托车手完美破旧的造型外观吸引后，继而产生创作灵感而设计出来的。G-Star 将服装重构为一件工业设计作品——既符合人体工学，又激情洋溢、活力四射。它挣脱了传统与怀旧的桎梏，极力追求一种独特激进的、现代主义的牛仔形象。

很少有公司宣称自己已经彻底推翻了人们对牛仔裤的固有观念，但 G-Star 可以，尽管它的出场或许并非一帆风顺——1989 年，商人乔斯·范·蒂尔伯格（Jos Van Tilburg）与荷兰 Secon 时装集团携手合作，用 Gap Star 这个名字创建了品牌。他们原本的初衷只是为了服务当地市场，但很快便发现了比预期更大的市场需求。事实上，此时他们也早已被 Gap 公司敏锐的雷达盯上，于是该品牌迫于压力改名换姓，去掉了品牌名称中的字母"a"和"p"。之后，在 20 世纪 90 年代中期，该品牌持续发力，激发了欧洲人对原色牛仔面料的兴趣与热情。不过更准确地说，是设计师皮埃尔·莫里塞特（Pierre Morisset）的加入真正激发了 G-Star 品牌在牛仔服装市场上经久不衰的影响力。一招鲜，吃遍天——Elwood 牛仔系列，在推向市场后的十年内总共售出大约 1300 万条。

这款牛仔裤之所以脱颖而出、大放异彩，是因为它摒弃了经典的西部风格五袋牛仔裤的二维剪裁模式，取而代之的是符合人体身形的三维立体剪裁，从而使其更具舒适性。Elwood 系列的诞生源于意料之外的天降灵感——当时莫里塞特正在餐厅用午餐，就在此时，一个在倾盆大雨中长途骑行回来的摩托车手走了进来，此时他身上的牛仔裤早已变得皱皱巴巴，紧贴着腿部，这正是莫里塞特之后在其新款牛仔裤设计中呈现的紧腿版型，而"3D 立裁"也就此成为 G-Star 品牌牛仔服装设计的核心理念：通过精妙的剪裁工艺、化工材料应用，以及热处理、拉伸、预缩或定型等工序，使产品设计拥有宛如雕塑般恒久的质感。包括后来的 A-Crotch 与 Arc Pant 等标杆系列设计，都沿用了这一工艺体系。

莫里塞特曾是一名古着服装经销商和时尚代理机构的老板，曾为 Chipie 与 Wrangler 一类品牌服务。他曾梦想成为一名汽车或航空领域的工业设计师，这倒也不足为奇。他的设计理念是重塑牛仔裤，将其打造成一件工业设计作品。"当时的牛仔裤市场仍然依靠传统理念驱动发展，虽

→ 极具时尚影响力的 G-Star 品牌设计师皮埃尔·莫利塞特。

然多年以来 G-Star 与其他竞争品牌之间并不存在多大差别，但横空出世的 Elwood 系列的令人耳目一新的独创牛仔裤设计与制造工艺最终改变了一切，"G-Star 全球品牌总监、前 Levi's 雇员舒班卡尔·雷（Shubhankar Ray）表示，"一开始市场真的不太能接受，它实在太新奇了。但 G-Star

并未因此放弃这一颠覆性的想法，而是始终坚持，直到它被市场接受。这也为其他一些欧洲牛仔服装品牌腾出了空间，让它们得以摆脱对牛仔裤怀旧情结的执念——马龙·白兰度与玛丽莲·梦露、骑自行车的人、嬉皮士等。它实现了通过更具科技含量的生产工艺来打造富有传统风格色彩的牛仔时装这一创想。"

G-Star 在这条极具颠覆性的道路上也走得更远——裁制牛仔套装、让其牛仔设计系列走上秀场，以及与奢侈面料搭配应用等。但是，这一路走来，公司的愿景始终如一地忠实于其工业设计方向。"其他领域的一些产品（比如家具与高科技产品）——Prove 的椅子、徕卡相机——也具有与牛仔裤类似的情感力量、工作方式、老化方式以及在使用过程中形成的独特气质，"雷解释道，

EIWOOD BY PIERRE TONISNI
2012

"这种内在联系与共享设计方案赋予了牛仔裤一种比西部牛仔汉子及铁路工人神话本身更诱人的独特魅力。"

作为该产业责权范围内的一分子，G-Star通过引入具有更高技术水平的可持续性牛仔面料，一举跃升进入行业领军者的行列——不是通过牛仔面料的生产制造方法，而是通过牛仔面料本身的质地。例如，当众多其他品牌都在竞相追逐使用有机棉时，G-Star已经另辟蹊径，开始尝试使用荨麻——这是一种从荨麻植物中提取得来的天然纤维，在它的生长过程中既不用实施人工灌溉，也无需使用杀虫剂——并且，自2014年开始，G-star启动了名为"海洋之原"（Raw for the Ocean）的环保计划，该计划主要是利用从海洋中回收的塑料垃圾，将其作为原料，生产一部分牛仔服装面料。雷说："G-Star始终致力于为这种长久以来被认为是历史性产品的牛仔服装腾出进步发展的空间，我们一直以来都以一种更为现代主义的视角来看待牛仔裤。"■

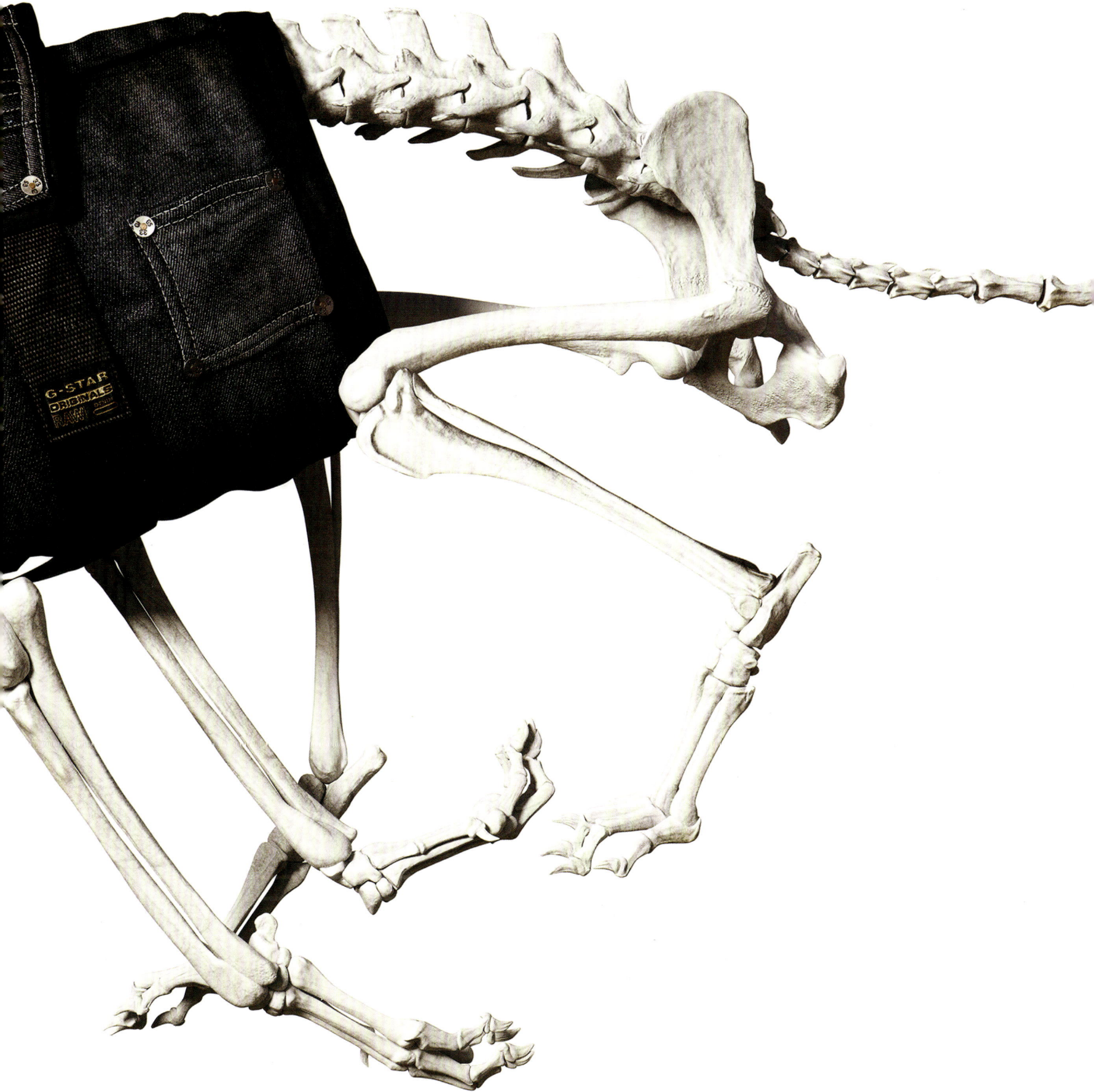

← 铁心品牌的贾尔斯·帕德莫尔。

重量级
牛仔工业风
HEAVY INDUSTRY

这是一段关于一位环游世界的英国 IT 专家与一家专门打造重型机车风格的日本牛仔服装制造商携手合作的小故事。故事提及了铁心（Iron Heart）品牌如何赢得国际市场认可，如何为自己的设计找到足够强大的机器，以及其所选用的牛仔面料究竟能有多重的问题。

贾尔斯·帕德莫尔（Giles Padmore）从 14 岁起就一直穿 Levi's 501 牛仔裤。当他的牛仔裤已经塞满一整间阁楼时，他才惊觉自己的牛仔裤数量有多夸张，或许是时候弄清楚它们到底值不值钱了。"答案是'几乎一文不值'，"他说，"但是，在寻求答案的过程中，它们确实也让我发现了一个日本牛仔的新世界，我对它的兴趣开始变得越来越浓厚。"

事实上，这种兴趣太过强烈，以至于他最终决定结束自己满世界奔波的 IT 生涯，并且摩拳擦掌，想要试试能否与这些牛仔厂商中的哪一家建立合作。"最终我与铁心公司达成合作，因为这家公司的 CEO 原木伸一（Shinichi Haraki）是唯一一个给我回复的人——那是因为他收到邮件时，恰好有一个懂英语的朋友在他办公室。"帕德莫尔回忆道。

一段美好的友谊与商业合作就此拉开序幕：铁心于他们合作开始的两年前（即 2003 年）在日本成立。品牌主理人原木伸一在牛仔服装行业耕耘了 25 年，其中大部分时间是在日本牛仔品牌 Edwin 从事制版师的工作，之后任设计师，后成为该品牌主管。他与英国人帕德莫尔的合作，让当时名不见经传的这家专为摩托车骑手打造重量级牛仔裤的小公司在之后赢得了国际认可。

帕德莫尔说："铁心的设计给人一种东西合璧的感觉——我们来自两种大相径庭的文化，也为牛仔行业带来了截然不同的想法。如果没有这样的混搭，铁心的许多设计或许至今仍籍籍无名"——也许最著名的要数铁心品牌推出的 Devil's Fit 666 修身（slim）牛仔裤与 Beatle Buster 修身锥形（slim tapered）牛仔裤，这两款可谓该品牌的镇店之宝。帕德莫尔坦言："我们头一遭设计修身款式，当时我对它还有点反感——我觉得这就昙花一现的事儿。但实际上它们非常讨喜，我现在几乎都只穿它们。"

事实上，两人的合作也为铁心的设计风格增添了些许人格分裂的色彩：在日本，迄今为止铁心牛仔裤几乎都只面向摩托车骑手群体，公司甚至还与雅马哈合作打造了自己的 Yard Built XJR1300 型摩托车，且配备了饰有银色铆钉的牛仔面料座椅。但在日本以外的市场，该品牌出品的重量级牛仔面料（产品系列包括重达 21 盎司甚至 25 盎司的面料）赢得了更为广泛的市场赞誉。"人们喜欢这种厚实的牛仔面料，因为它的与众不同——处于可以做到的重量极限，"帕德莫尔说，"可它确实有点夸张，我甚至觉得 25 盎司重的牛仔面料就像个噱头。我之前在一家公司二十五周年的庆典场合醉醺醺地这家公司提过这个建议，当时只是讲笑话似的随便说说，但这家公司现如今已经找到了立足之本。它很棒，但也并非不可或缺，尽管很多看起来没必要的东西都有不少让人喜欢的地方。"

"铁心品牌融合了东方与西方的感知力，如果没有这种融合，很多设计都不会诞生。"

THERE IS AN EAST-MEETS-WEST SENSIBILITY TO IRON HEART—A LOT OF THE DESIGNS WOULDN'T HAVE HAPPENED WITHOUT THAT MIX.

　　但是他又补充到，很少有人真正了解这种重量级面料背后的生产故事：在日本，铁心只与一家织布工厂合作，因为能胜任此项任务的制造商实在寥寥无几。这就是生产过程中的吊诡之处，普通的 14 盎司牛仔面料可能只有 5% 的二级生产率，而 25 盎司的牛仔面料却能高达 95%。"这完全无法预测，"帕德莫尔说，"想要得到制作一条牛仔裤所需的 2.8 米优质面料非常困难。但所有被拒绝的东西，我们都会从厂里直接采购，因为不想在二级市场上找。然后就是缝纫——不仅需要缝纫工人具备精湛的缝制技术，而且还必须使用老式的 Union Special 牌缝纫机。倒不是出于怀旧，而是因为它是唯一能胜任此项工作的强有力的缝纫机器。"

　　然而，该公司如今早已超越"重量级"这一细分市场，在这一市场上，它几乎所向披靡，没有哪家竞争品牌能在 14 盎司牛仔裤的日产量上与之抗衡。帕德莫尔说："尽管如此，很多人依然认为面料厚重的牛仔裤穿起来会不舒服，或者觉得闷得慌，直到他们亲自试穿。但我们也喜欢专为特定用途而设计牛仔裤的想法，并非只为厚重而厚重。" 因此，帕德莫尔一锤定音，铁心的座右铭可能要改改："别再说'我们不做轻薄款'，应该说'我们不产垃圾版'。" ▪

品牌追梦人
THE BRAND MAN

从斯科特·莫里森（Scott Morrison）决意制造一条美国版 Diesel 牛仔裤的那一刻起，他就在牛仔这条路上一路疾驰、不曾回头。作为一名连续创业者及 Evisu 品牌前首席执行官，莫里森如今在纽约经营一家定制牛仔裤概念店。下文讲述的是这位创业者人生旅途中的一些片段，以及他对"一条理想的牛仔裤应该是什么样的"这一问题所生出的种种不断演变的奇思妙想。

失之东隅，收之桑榆。在高尔夫上失去的，从牛仔裤上找回来。在斯科特·莫里森的成长过程中，他对牛仔裤其实不甚了解。他说："我住在南加州，生活中基本都穿着短裤配一双人字拖。"实际上他是靠一份高尔夫奖学金上的大学，并且在毕业后又打了一年职业赛，这项运动必须遵循一些特别的着装规范，甚至让他萌生过推出一个高尔夫服装系列的大胆想法，但最终以失败告终。或许是命运的驱使，他随女朋友一道去了纽约，之后，他在那里为牛仔时装品牌 Jack Jeans 工作。

"让我感到震惊的是，当时的美国牛仔裤与意大利牛仔裤相比，完全不可同日而语，"他回忆道，"我想要一个美国版的同 Diesel 相当的品牌。"于是他便自己创立了一个：1999 年，莫里森推出了他的首个牛仔裤品牌，他采用了最新的水洗预处理工艺（烤箱烘烤、树脂涂层、3D 纹理等）。"我们以一种相当激进的方式与一些美国洗衣店（合作），"用他本人的话说，"几乎只进口意大利与日本产的面料，在当时，诸如 Cone 公司一类的美国厂商提供的牛仔面料根本无法与顶级二字扯上关系。"

但这只是莫里森为靛蓝之旅迈出的万里征途的第一步。莫里森与其商业合作伙伴在关于 Paper Denim Cloth 品牌公司未来发展方向的问题上产生了激烈冲突，他于 2004 年与合作伙伴分道扬镳。之后，他创立了一家名为 Ernest Sewn 的零售企业，专注于美国传统牛仔面料以及日本人所倡导的"侘寂"（wabi-sabi）理念，即"不完美之美"。2009 年，关于公司未来发展问题所引发的尖锐分歧再一次促使莫里森离席退场——

"就在我辞职的消息见报的同一天，我接到了来自 Evisu 公司的电话"。于是，他随后转投 Evisu，出任该公司首席执行官及创意总监长达 18 个月的时间，直至该公司的对冲基金支持者撤资。在此期间，他曾帮助 Evisu 从过度授权产品导致的市场稀释窘境中夺回品牌。

在经历过牛仔行业如过山车一般跌宕起伏的历练后，莫里森是否会重新回向高尔夫球场？但事实正好相反，在总结吸取了这一路的诸多经验教训之后，经过一番商业评估，他在不到一年的时间内又在纽约新开了一间自己的 3×1 概念店，该店与全球 18 家面料工厂建立合作，旗下拥有来自全世界最丰富的织边牛仔面料品类，并且这家概念店还提供引领潮流的定制牛仔裤服务。

莫里森说："有些人一门心思想把他们自己的牛仔梦变为现实，这可能不太符合我的口味，我请他们来扮演的是设计师的角色。创立 3×1 是我上的一堂真正意义上的大课，因为我必须站在一个自己从未接触过的层面去了解牛仔面料的生产制造。一切皆是机缘巧合。我曾尝试向 Paper Denim Cloth 与 Ernest Sewn 品牌推介织边牛仔面料，但两次都铩羽而归——挑战在于如何让人们了解面料本身。但在那个时候，在他们大多数人眼里，它只是看着有点像块牛仔面料。可今时不同往日了。"

← Paper Denim Cloth、Ernest Sewn，以及 3×1 等品牌的创始人斯科特·莫里森。

> "他想要一个美国版的同 Diesel 相当的品牌，于是他便自己创立了一个。"
> HE WANTED AN AMERICAN DIESEL—AND SO HE CREATED ONE.

"我很喜欢这个想法，就是像亨利·福特一样，福特让每个人都能驾驭福特汽车，而我更希望我出品的品质出众、设计简约的深色牛仔裤是每个人的不二之选。"

I LOVE THAT IDEA OF JUST GIVING EVERYONE A HENRY FORD— ONE OPTION OF ONE GREAT, SIMPLE, DARK PAIR OF JEANS.

"真的很有意思，我一路兜兜转转，又回到了原点，真的，"莫里森补充道，"一开始我沉迷于水洗以及各种能让牛仔裤变得与众不同的想法，直到有一天，我真正理解'将牛仔裤穿出自己的味道'的含义。渐渐地，我也开始迷上穿原色牛仔裤。我很喜欢这个想法，就是像亨利·福特（Henry Ford）一样，福特让每个人都能驾驭福特汽车，而我更希望我出品的品质出众、设计简约的深色牛仔裤是每个人的不二之选。但从商业角度来看，其实大多数人都想买一条看上去已经穿得恰到好处的牛仔裤。这并不意味着原色牛仔会就此消失，毕竟总有牛仔纯粹主义者。"

如果有一天不巧原色牛仔真的销声匿迹，而这位一直从事牛仔服装经营的企业家莫里森又碰巧想找点事情做，那么，打造一条现代高尔夫服装系列产品线的想法一定能再次激发他从头开始的欲望。"可能吧，不过这也只是八字还没一撇的事，"他说，"对新一代来说，让高尔夫服装呈现一副新鲜有趣的面貌固然很有挑战性，但主导高尔夫运动的乡村俱乐部的大环境目前还没有做好向新生事物敞开怀抱的准备。我会一直在牛仔领域钻研到底。"∎

纯美国血统
ALL AMERICAN

> 在朋克摇滚和手工原创 DIY 文化精神的引领下，我们或许能见证伟大的诞生。Tellason 品牌始终坚持"少即是多"的极简主义美学原则，删除繁冗细节，倾力打造百分百美国本土制造，全心全意致力于一个常青树品牌的建设与经营。

在谈及 2008 年推出的美国牛仔品牌 Tellason 时，皮特·西森（Pete Searson）似乎觉得它是某种中年危机的产物。他与自己的商业合作伙伴托尼·帕特拉（Tony Patella）两人都有几十年的服装销售从业经验。西森说："例如，当初托尼在匡威工作时，这个品牌还不像现在这般受欢迎。但我们俩都没放弃那些具有历史渊源与时代背景的品牌。不管怎么说，随着年龄日渐增长，你必须做出一些选择，找到一种自尊和自爱的感觉，还想继续往前走。我想，Tellason 将成为我们最终的事业。"

实际上，西森很快便承认，当他们决定推出自己的牛仔服装品牌时，全世界似乎并不需要再多这样一个可有可无的品牌，但他们坚信在"品质"二字上总能挖掘出一些发展空间。西森认为："法拉利的跑车首屈一指，但假如有人能造出更牛的跑车，那他们就能赢得生存发展的空间。"

因此，当他们还在朝九晚五打卡上班期间——实际上，西森请了一年假在家照料他的几个女儿——他们创造了一种新款式，然后将其放在旧金山生产并在工厂附近的商店里出售，仅为每家店提供 12 条牛仔裤这种低风险的最低订购量形式很有吸引力，于是，他们说干就干。

西森说："我们都有点朋克摇滚精神，那就是：只管放手去干——事实上，我们很多牛仔裤的设计风格与名称都大致参考了碰撞乐队（The Clash）。这就是为什么我们也想把自己的名字印在牛仔裤上，而不是随便编一堆名字——比如什么'靛蓝棕榈树'或者类似的东西——那种你完全不想多瞅一眼的名字。"

万事俱备，公司运营就此拉开序幕。不过，开业两年，他们才推出寥寥几种服装款式。并且，他们决定推出这些款式的时间，正值一场全球性经济危机在世界各国蔓延开来。这样的经济情势

激发了美国消费者对尽可能支持 100% 美国制造的消费热情与渴望。除了一个小小的内饰商标织带无法在美国国内生产以外，从缝线到帆布再到定制的 Cone 公司白橡木牛仔面料，所有东西都在美国生产制造。"我想在美国生产也是一种爱国情怀的体现，"西森说，"但这句话旁边要加一个大大的星号。对我们来说，最正宗的蓝色牛仔裤文化属于美国，我们也不爱吃德国进口的烟熏火腿。"

但危中有机，这一看似糟糕的时机反而让消费者的思想观念发生了转变，他们开始倾向于更多地选择美国本土产品，也更加注重产品的使用寿命。西森解释道："经济形势催生了'少即是多'的时尚观念，对许多人来说，一次性快销可能因此走向末路。钱要花在刀刃上，花在那些经久耐用、越陈越香的东西上。"

当然，"少即是多"也是一种审美选择：迄今为止，Tellason 品牌的牛仔裤始终采用细节精简的功能性设计。西森与帕特拉两人都身材高大，"手如铲子"，所以像深口袋这类简约设计就显得尤其重要。"极简，极简，还是极简。只需要小小的一块品牌烙印，系上腰带后它就会完全被遮住。"西森说道。他在谈话中，不时会提及 Eames 和 Littala 品牌所具备的设计素养，以及他委托著名字体设计公司 House Industries 为他们订

购的 Tanner Goods 皮标设计 Tellason 品牌标识。
他本人的衣橱也遵循极简主义风格：与其他许多
牛仔收藏家不同，他只有三四条牛仔裤，且每条
都穿得很旧，可能还要一直穿到它们"退休"。

"但我们也一直在用心倾听涉及服装功能改
进方面的想法建议。对于极简主义的追求也是我
们不喜欢牛仔服装做旧处理的原因。"西尔森说，
一想到老化做旧他就感到恼火。"尽管它们有时
看上去还算有一些艺术气息，但我们就是无法理
解。你有没有注意到，机场是发掘各种诡异的劣
质牛仔裤的风水宝地？比如那些竟然出现在牛仔
裤小腿部位，能让人惊掉下巴的猫须（whiskers，
牛仔裤上相对较细的对角线或水平折痕）。我的
意思是，人的腿不可能弯成那种样子。"■

牛仔裤的决定性
特征与特色
THE DEFINING FEATURES AND
CHARACTERISTICS OF JEANS

在几乎所有的产品类别或设计中，某些特征与特色决定了什么是原型产品。撞钉、后袋的装饰缝线、特别的产品标签样式以及品牌贴标都是牛仔裤有别于其他裤子的独特特征。

➡ 撞钉是今天广为人知且深受喜爱的蓝色牛仔裤上的一个决定性特征。经典的撞钉外表面呈现一个凸起的尖头形态，并且撞钉上还带有品牌名称或其首字母缩写。

虽然牛仔裤上许多决定性特征的位置与其基本功能都很常见，但它们在具体的设计上也各有千秋。这绝非巧合；设计能体现两家制造商之间的区别，但设计通常也受到个人喜好的制约影响。美国传统牛仔服装零售连锁店的安德鲁·陈（Andrew Chen）解释道："我在纽约的 Self Edge 精品店工作时，偶尔也会听到有顾客在初次看见我们的牛仔裤时议论他们不喜欢后袋上面的袋花（arcuate, 弧形缝线）设计。"安德鲁·陈将其归咎于消费者对极简主义时装需求的增长，因为极简主义风格并不需要那些决定性细节特征及品牌商标。"男士们说得最多的就是'我想要素净一点的'。"他解释道。尽管如此，这种看似对品牌的抵制最终往往会引发消费者对该品牌所出售的传统牛仔裤独有特色的讨论。"这便让我有机会带领顾客简单了解牛仔面料过往的历史，以及牛仔三巨头品牌是怎样通过它们产品上的弧形缝线设计与机织图案来定义牛仔裤的。"以此为契机，他进一步阐述了他所投资的日本品牌最初如何向 Levi's 品牌致敬，之后又以怎样独树一帜的方式突破藩篱，最终赢得狂热追捧的来龙去脉。

"今天，当你在街上见到一款很稀罕的日本牛仔品牌上的弧形缝线时，你立马就明白店主跟你一样，对你喜欢的那一类牛仔裤很在行。在我看来，它们是在众多平庸乏味的极简主义牛仔裤中脱颖而出的一种标志性特色。"Self Edge 品牌一位前雇员的这段表述堪称绝妙："我喜欢挖掘各品牌的弧形缝线设计，就是因为它会告诉人们我还没穿过哪些品牌的牛仔裤。"

↑ Wrangler 品牌将平头（flat-front）和双面撞钉（double-cap rivets）引入牛仔裤的设计与生产，从而避免了撞钉刮损的弊端，而这一弊端是原始撞钉设计的一个通病。

蓝色牛仔裤的决定性细节：撞钉

1969 年 8 月 19 日，《纽约时报》刊登了出生于德国的建筑师路德维希·密斯·凡·德·罗（Ludwig Mies van der Rohe）的讣告，他于讣告登出的前一天与世长辞。作家奥尔登·惠特曼（Alden Whitman）回忆了这位以巴塞罗那椅设计而闻名于世的极具影响力的建筑大师的生平，对密斯·凡·德·罗的门生高徒如何认识他对作品细节的专注也有着自己独到的观察。正如这位已故建筑师本人所言："上帝藏在细节中。"差不多一个世纪以前，在内华达州的工矿区的铁路小镇里诺，一位拉脱维亚移民萌生的一个想法，证明了对细节的专注以及对健康的想象能带来如有神助般的惊喜。

19 世纪 70 年代初，裁缝雅各布·戴维斯（Jacob Davis）想到了一个绝妙的点子：在为当地矿工和铁路工人制作的工装裤的几处常见受力点上添加铜撞钉。加固这些撞钉可以防止穿着者在繁重艰苦的劳动中撕破裤袋撕裂和接缝，同时，也能特他的裤子与其他竞争对手的裤子区分开米。自然，人们争相抢购的场面也很疯狂。但还不止于此，一粒小小的撞钉不仅成为戴维斯与旧金山某纺织日用品（dry goods）商人共同创立的公司赢得持续竞争优势的关键，而且体现他巧思创意的牛仔裤加固方法，最终成为我们今天所熟知的蓝色牛仔裤上最重要的决定性细节特征。

尽管一些设计师曾试图挑战牛仔裤设计，但要让人辨认出一条裤子是不是蓝色牛仔裤，还需要其他一些特定的细节特征。可以说撞钉是这些细节中最具含金量的一个。值得注意的是，采用靛蓝斜纹布制造工装裤并非雅各布·戴维斯的发明——这种裤子其实早在几十年前就已经存在。但他也确实想出了一套优雅得体的办法，妥善解决了那个时代大多数服装穿着者所面临的最大难题。在当时，对于每日辛勤劳作的劳动者而言，最重要的购买标准就是服装是否结实耐用；而一粒撞钉便让他出品的裤子满足了工人们的需求——能穿得更久。

到 1890 年，李维斯公司（Levi Strauss & Co.）拥有戴维斯的发明专利已达 17 年之久。尽管当时的竞争对手

都试图寻找替代性的加固方法，但没有一个人成功找到兼顾铜撞钉外观、简易性与强韧度的最佳替代方案。这项专利到期后不久，其他大多数制造商都纷纷开始在自己的产品中采用这种撞钉加固设计。当然，捷足先登的 Levi's 公司此时早已赢得维持其市场领先地位所需的竞争优势，因此被确立为撞钉工作服的鼻祖，Levi's 品牌名称甚至成为"齐腰工装裤"（waist overalls）的代名词，当时人们管这种裤子叫"牛仔裤"（jeans）。这就是为什么 Levi's 被普遍认为是蓝色牛仔裤的发明者，也是为什么今天的蓝色牛仔裤仍然以撞钉为一大特色。当然，也并非所有制造商都"借鉴"了 Levi's 这一关键的差异化设计特征。

原始撞钉的替代品

虽然 Levi's 牛仔裤的撞钉设计很快便被确立为牛仔裤的行业标杆，但也不乏一些较为引人注目的替代方法，比如打枣与平头撞钉。

1911 年，美国堪萨斯州萨利纳一家日杂食品、农用品以及服装经销商陷入了工装库存短缺的困境，此时最合乎逻辑的解决方案便是自行生产背带工装裤及其他一些时下流行的工作服。这就是 H.D. Lee Mercantile 公司首次涉足牛仔服装制造的故事。它生产的服装并未采用铜撞钉的设计，因为当时蓝色撞钉牛仔裤尚未在全美国范围内推广。该公司出品的 Lee 牌牛仔裤采用的是 45°角加固缝线（打枣）的方法来增强服装的牢固性。这种打枣加固设计更加经济实惠、节省成本，并且与撞钉加固几乎同样结实耐用。加固缝线还有一个额外的优点：它们不会刮破穿着者坐过的物体。

1926 年，随着中西部地区的牛仔以及牛仔竞技选手对"西部风格服装"的需求日渐增长，H.D. Lee Mercantile 公司吹响了进军牛仔服装产业的号角。它的牛仔裤明目张胆地借鉴了 Levi's 501 牛仔裤，后袋采用双弧形装饰缝线与铜撞钉加固的款式设计。当然，Lee 牌牛仔裤去掉了门襟底部的撞钉，以防牛仔汉子们的裤子刮破他们的马鞍。

到了 20 世纪 30 年代，后袋的撞钉被一种具有识别性

↑ Lee 牌牛仔裤的后袋上采用"X"形加固缝线代替撞钉加固。

↑ 虽然后袋上的袋花（弧形缝线）设计也可以起到固定口袋衬里的作用，但它们通常只用于装饰目的。

➡ 20世纪之交，大多数牛仔裤款式都仅设有一个后袋。它被置于右侧，因为大多数牛仔裤穿着者都是"右撇子"。

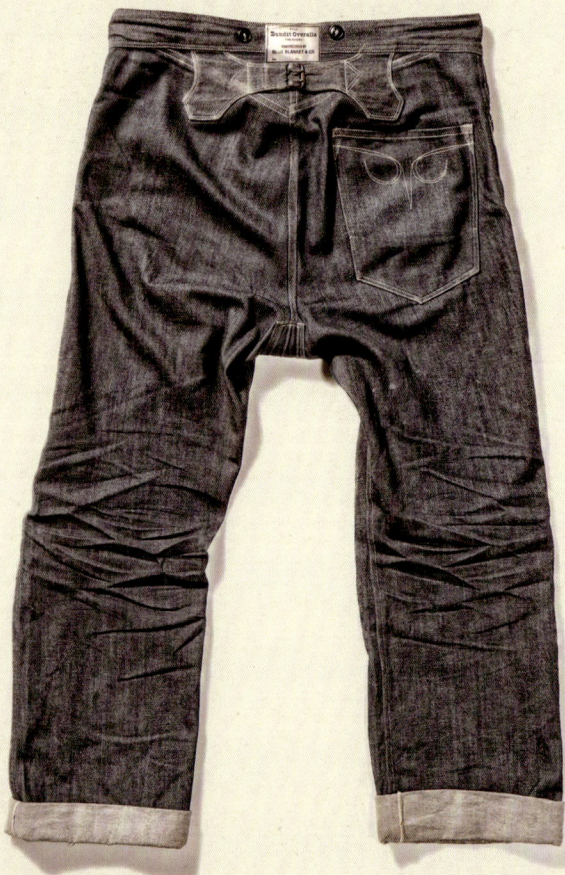

的"X"形加固缝线所取代，并且它已成为该品牌的注册商标。尽管后袋的撞钉增强了服装的耐用性，但它的缺陷在于，穿着者坐过的任何地方都会留下细小尖锐的金属压痕。就连Levi's也在1937年为了平息顾客的不满而做出了小小的让步，将后袋撞钉隐藏在一层牛仔面料下面以避免其刮损其他物品。

1947年，北卡罗来纳州格林斯伯勒市的Blue Bell工装公司（Blue Bell Overall Company）将其于几年前收购的Wrangler品牌改头换面，重新推向利润丰厚的牛仔服装市场。最早的Wrangler 11MW款牛仔裤是有撞钉的，但它采用的防刮型的撞钉，与最初的Levi's牛仔裤所使用的冲压铆合式凸珠撞钉有所不同，Wrangler牛仔裤上的撞钉表面完全平坦，被称为双面撞钉。

如今，大多数牛仔裤的撞钉都只起到装饰作用，它们从未经历过重体力劳动的考验。不过，这些撞钉告诉我们，一条裤子上有了它们就能成为一条蓝色牛仔裤，这也是为什么你很难找到没有撞钉的牛仔裤。

牛仔裤有五个口袋，但哪个是第五个？

除了撞钉及其替代设计，裤袋也是蓝色牛仔裤一个很重要的决定性特征。设计师们也曾对牛仔裤口袋的数量、形状和位置进行过一些实验性探索——Diesel品牌甚至在千禧年前后推出了完全没有后袋的女士牛仔裤，并博得满堂彩。尽管如此，设计师们依然需要遵循一些不成文的设计规范。比如，在牛仔裤上增添前插口袋的设计，很可能会让你的牛仔裤因此被打入"粗斜纹棉布裤"与"蓝色牛仔裤"之间的无人区。

早期的牛仔裤一般有四个口袋：两个弧形袋口的前插袋，还有一个半塞入左前袋里的小贴袋，这个小贴袋通常被称为硬币口袋（coin pocket），除此以外，还有一个单独的明线压缝后贴袋。与许多人认为的正好相反，第五个口袋实际上是左后袋，它是Levi's在1901年左右在501牛仔裤中新添加的一个后袋。

↑ 在Levi's于1943年注册其袋花设计商标之前，大多数牛仔服装制造商都使用了标志性的海鸥袋花图案。如今，牛仔裤后袋上的装饰缝线设计与牛仔品牌一样丰富多彩。

决定性的品牌细节

并非所有定义牛仔裤的细节设计最初都只为达到纯粹的功能性目的，其中有一小部分设计只是为了让穿着者更容易区分不同制造商生产的牛仔裤。虽然这一点对早期的牛仔裤来说并不是那么重要，但它们也依然有可能成为大多数消费者做出购买决定的基础，无论他们是否意识到了这一点。

目前仍在使用的
世界上最古老的牛仔裤品牌细节

牛仔裤的一个显著特征是：它至今仍然采用最古老的品牌设计细节。自 1873 年以来，Levi's 牛仔裤后袋一直采用圆弧形双辑明线装饰设计，这种装饰缝线图案被称为袋花（arcuate）。虽然 Levi's 品牌是蓝色撞钉牛仔裤的发明者，但它很可能并非首家在牛仔裤上使用后袋袋花的品牌。迈克尔·哈里斯（Michael Harris）的相关研究表明，早在 1873 年前，工装裤的后袋上就已经出现了这类装饰缝线的设计。有人猜测这种缝线最初是为了将裤子后袋牢牢固定在适当的位置，但 501 牛仔裤上从来就没出现过这样的东西。事实上，这一特点如此普遍，以至于 Levi's 公司直到 1943 年才为自己的后袋袋花设计注册商标。这就是为什么第一款 Lee 品牌的牛仔裤，甚至 Wrangler 品牌的一些早期牛仔裤都采用与 Levi's 的袋花完全相同的装饰缝线。在 Levi's 公司完成后袋袋花商标注册之后，其余一众竞争品牌不得不就此推出各自的后袋袋花设计。谢天谢地。比如，Lee 品牌创造了 "Lazy S" 后袋装饰缝线，据说是模仿了长角牛的牛角造型。而 Wrangler 品牌为其西部样式的牛仔服装打造出了标志性的 "W" 字母设计。如今，牛仔裤后袋装饰缝线的样式几乎与牛仔裤品牌一样百花齐放，这可能算是牛仔裤身上最具辨识度的一个品牌特征，虽然它的主要功能只是纯粹用于装饰，但后袋缝线设计既能成就一条牛仔裤的美，也能毁掉它，就像牛仔裤的版型与后袋的位置摆放一样。后来，当牛仔裤登上时装秀场时，一些设计师开始选择放弃后袋装饰缝线，还有不少设计师品牌的牛仔裤也没有此类袋花设计。

品牌贴标

耐用性往往不再是现如今大多数消费者最关心的关键购买指标。但早在 19 世纪，一条牛仔裤能穿多久这个问题极其重要。当时的矿工与工厂的工人可能连续几周甚至好几个月都见不到纺织日用品商的影子，因此他们的服装必须结实可靠。服装制造商对此也心知肚明，工人们需要的不仅仅是强韧的缝线和巧妙的加固设计，服装制造商还要帮助顾客识别并区分不同厂商的产品。这就是 Levi's 品牌在牛仔裤后裤腰部位创造贴标 / 皮标（branded patch）的原因。

最初，Levi's 牛仔裤皮标上印的是确保牛仔裤产品真实性与耐用性的文字保证书，但是由于当时许多牛仔裤穿着者文化程度受限，或者根本看不懂英语，因此，Levi's 公司在 1886 年改用 "两匹马试图拉扯一条 Levi's 牛仔裤" 的图案设计取代了原有的文字。从产品营销策略上讲，这一招可谓神来之笔。

但 Levi's 并非首家使用拔河竞技题材插图类比牛仔裤牢固程度的品牌。总部位于纽约的牛仔时装品牌 Sweet-Orr 便声称自己是首家齐腰牛仔工装裤制造商，它最早于 1871 年 7 月开始生产 "紧身工装裤"（pantaloon overalls，注：

➡ 与后袋袋花一样，品牌贴标 / 皮标也是一个品牌与其他竞争品牌相互区分的重要标志。

➡ 诸如批号、型号及尺寸一类的产品信息通常都能在皮标上找到。

➡ 虽然皮标最早采用真皮制成，但一些价格低廉的牛仔裤品牌通常采用布料代替。如今，耐用型仿皮革纸（jacron paper）皮标更为常见。

设计仍然发挥着帮助消费者区分不同品牌的辨识作用，贴标上通常都印有品牌名称和（或）品牌 logo。继 2007 年 Levi's 公司对 Studio D'artisan、铁心以及 The Flat Head 等一众日本品牌发起商标侵权诉讼之后，Levi's 对 Self Edge 与 Blue in Green 等美国零售商也提出了相关诉讼。此后，即便是日本复刻牛仔制造商也不再轻易触及"拔河竞技"这一主题——至少在针对日本以外市场销售的产品中是如此。

红色标签

20 世纪 30 年代中期，观光度假农场的生意竞争日趋白热化，Levi's 品牌的众多竞争对手都在争相"借鉴"Levi's 的创新设计特色。鉴于此种情形，这位撞钉蓝色牛仔裤的鼻祖必须采用一种全新的方式让顾客识别自己的产品。最终的解决方案优雅而简洁——红色标签（red tab），它是 Levi's 品牌的一位销售人员克里斯·卢西尔（Chris Lucier）在 1936 年提出的想法，其特点是在一小块红色织带上以垂直角度从上至下织出大写的"LEVI'S"字样，之后再将这块红色标签缝在牛仔裤的右后口袋上。在 20 世纪 50 年代中期，商标"®"也闪亮登场，被织在红标的两面。在 20 世纪 70 年代早期，为了推行 1967 年引入的标志性蝙蝠翼形商标图形，红标上原来的大写字母被改为"Levi's"，自此以后，红色标签几乎没再做过任何改动。

由于 Levi's 从未在日本获得红色标签以及其他决定

← 除了装饰作用，牛仔裤上的品牌标签还具有区分不同品牌产品的基本功能。

↑ 即便是一条已被穿得破旧不堪的 Levi's 牛仔裤，那块著名的红色标签仍旧光彩夺目。

pantaloon 指 19 世纪一款男士紧身长裤），比 Levi's 品牌获得撞钉工装专利的时间还早两年。有趣的是，该公司牛仔裤的皮标上还描绘了两队壮汉用裤腿进行拔河的画面。

牛仔裤在设计之初其实就已经考虑到了实用性的问题，而外形美观则始终退居其次。裤袋必须结实，便于拿取物品。后袋形状是尖的，这样从里面拿东西就更方便。Levi's 牛仔裤后来新增第二个后袋，很可能也是应顾客的强烈需求而为之。无论出于何种原因，如果一条牛仔裤的口袋数量多于或少于 5 个，并且不是前 3 后 2 的样式安排，那么这位设计师就算是离经叛道了。

1936 年，Lee 品牌又创造了另一种马毛皮贴标（hair-on-hide patch），贴标上单独印着 Lee 的品牌标识，标志着最正宗的西部服装样式。时至今日，这种贴标

➡ 一些品牌的标签设计也很有创意，如 Pure Blue Japan 将品牌的靛蓝叶片标志直接缝制在成品服装的后袋上。

➡ 与撞钉一样，牛仔裤纽扣上通常也刻制有品牌名称。

➡ 最常见的牛仔裤纽扣样式通常有两种：一种是甜甜圈纽扣（Donut button，又称中空式纽扣），扣子中间有一个孔（因其外形与甜甜圈相似而得名）；另一种是表面平坦的工字扣（tack button），如上图 Wrangler 品牌的纽扣。

性设计细节的注册商标权，许多日本牛仔制造商开始见缝插针，复刻甚至改进美国牛仔三巨头的原创设计，并且将 Levi's 牛仔服装上的所有标志性细节特征都一一呈现出来。为什么日本制造商会如此执迷于原版复刻，而不像其他许多欧洲制造商那样推出全新的设计呢？要理解个中因由，还得先大致了解一下日本人的制造心态以及牛仔面料的历史渊源。第一，日本买家通常会将品质作为优先考虑的因素，尤其是在服装方面。第二，他们很渴望自己能穿上 20 世纪 40 年代至 60 年代那些原汁原味的服装，而那些服装大多来自美国，它们也是日本制造商源源不断的灵感源泉。

20 世纪 80 年代末期，随着原版库存牛仔裤货源日渐枯竭，产品市场价格失控，牛仔发烧友们开始动起了在日本制造牛仔裤的心思。他们复刻的这些牛仔裤无论在款式、做工和设计上都与昔日的牛仔裤如出一辙。当然，这些牛仔裤也必须一一呈现美国原版牛仔裤的所有细节特征：因为顾客就想要这个。尽管不能以此作为侵犯知识产权的借口，但他们也给出了自己的理由：这些日本牛仔制造商或许并非心存恶意，因为原版牛仔裤品质骤降，他们因而也

只是简单地复刻了原版的一些细节。Levi's 的诉讼最终并未能禁止这些复刻品牌在日本国内销售具有这类设计特征的牛仔裤，虽然许多品牌事后彻底修改了各自的设计，但你仍然可以买到某些品牌的牛仔裤，它们没有品牌名称，但有后袋袋花、"拔河"图案的皮标，还有红色标签。唯一麻烦的是：必须去日本才能买到。

最初，蓝色牛仔裤上的所有决定性细节都各具功能性，尽管在现代生活中，这些功能已非必需，但如果没有充分的理由，也不应被轻视或怠慢。我们喜欢撞钉、贴标和后袋袋花，因为它们早已达到了定义一件服装的高度与境界，而各大品牌也不遗余力地捍卫自身的商标细节，毕竟它们已经成为品牌身份识别系统的关键组成部分。■

创造传统
MAKING A LEGACY

对复古牛仔面料与皮革制品的满腔热爱让史蒂文森工装公司（Stevenson Overall Co.）如凤凰涅槃般浴火重生。一种失传已久的缝纫工艺面临的最大挑战就在于：如何实现新旧的无缝衔接、传统与现代的完美融合，既保留复古风格与卓越品质，又不拘泥于传统的桎梏。

史蒂文森公司并非以其联合创始人兹普·史蒂文森（Zip Stevenson）的名字命名。史蒂文森解释道："实际上，公司名称源于我们偶然发现的一张 20 世纪 20 年代的旧销售票据。之后我们翻遍记录，想找到更多关于俄勒冈州波特兰市这家公司的信息，但最终一无所获。当时我们觉得票据上的'史蒂文森工装公司'这个名字很好，于是便采用了。几年后，某一天有人给我打电话，他在电话中声称自己是最早的史蒂文森公司创始人的孙子。当时我心一沉，心想：'这下好了，要吃官司了。'但实际上他打电话只是为了表达自己

很喜欢我们正在做的事情，他很欣慰这个公司的名字能得到如此广泛的认可。事实上，过了一阵子，我又发现了一条裤子，裤子的纽扣上刻制有'史蒂文森工装公司'品牌字样，我必须果断拿下。当然，经销商也分文不少，按全价收取费用。"

史蒂文森工装公司（现代版）由史蒂文森与田谷敦介（Atsusuke Tagaya）于 2005 年共同创立。同样，这更多出于机缘巧合而非有意为之：当时在史蒂文森身旁排队的一位男士对史蒂文森脚上穿的马丁·马吉拉（Martin Margiela）鞋发表了一番评论，这位男士就是田谷，他着实被史蒂

文森脚上的鞋惊到了。史蒂文森承认："唉，我一般都穿牛仔裤、工装皮靴和法兰绒衬衣，看起来可能确实有点土老冒。"但他们还是继续聊了起来。一番交谈后，他们发现彼此碰巧都是同行——经营古董皮带，有时会用一些滞销首饰、饰钉与皮带扣制作皮带。最后他们得出的结论是：这一行竞争太激烈，未来的出路要靠创建品牌。史蒂文森公司就此诞生。

这个美日合作的品牌反映出他们二人对牛仔裤共同的兴趣与追求——例如，史蒂文森曾在圣莫尼卡的 Geoff Fuller's Junkyard 商店接受过复古牛仔服装买手培训，之后又做过牛仔服装修补以及皮带销售生意。但他们两人都不希望被困在旧时岁月里。史蒂文森工装公司的商业目标是打造一条产品线，将 20 世纪早期那些失传已久的时装构造工艺与现代服装产品的智能设计完美融合。正如史蒂文森所指出的，即便是专门的复刻品牌也会不时更新版型：正宗的工作服从来都不是为了追求美观，而是为了实用，这就是为什么你的夹克外套袖子往往都做得很宽松。而现在的人们不会想要这些设计了。

当然，该公司也因其高水平的产品细节设计而广受赞誉。例如，该品牌牛仔裤采用的是无镀层的铜撞钉，银色甜甜圈纽扣通过钉身或铜芯冲压咬合固定，而非简单地将钉芯扎穿面料来固定。接缝采用强韧的、针距密集的单针平缝工艺确保服装耐用性。使用的日本牛仔面料有时是独家定制的，比如史蒂文森公司与日本 Collect 工厂合作开发并被其他厂商争相模仿的蓝-蓝（blue-on-blue，两面都是靛蓝色）织边牛仔面料，这种面料的设计灵感来源于"二战"时期的一条英国军用牛仔裤。

"我们为什么采用这些构造方法，原因很简单，因为我们相信最终的品质会更出色，"史蒂文森解释道，"但实际上，人们积极热烈的反响还是让我们有点受宠若惊，他们喜欢一条做工精美的牛仔裤，就跟喜欢一桌满汉全席一样。可能你永远都不知道劳力士手表内部是什么样的，但你心知肚明，

它的品质都在那里。我们的牛仔裤也是如此。"

但或许它们最引人注目的设计特点当数后袋形状：与传统的五角袋形状相似，顶部线条呈向下深凹的圆弧形，在不断穿着的过程中，上缘开始慢慢下垂。史蒂文森说："很多人觉得那种口袋的弯曲形状看着不舒服，因为它离真正的复刻牛仔太远了。"但这也体现了该公司在追求新旧融合方面的雄心壮志与满腔热情。史蒂文森说道："这种样式更实用——上手也更容易些。但对我们来说，这是一种让裤袋变得更鲜活有趣的最佳形式，既不需要繁复的缝线，也无需再多尝试不同的弧形。"∎

↑　史蒂文森工装公司的创始人兹普·史蒂文森。

"可能你永远都不知道劳力士手表内部是什么样的，但你心知肚明，它的品质都在那里。我们的牛仔裤也是如此。"
YOU NEVER SEE INSIDE A ROLEX BUT YOU KNOW THE QUALITY IS THERE INSIDE. AND IT'S THE SAME WITH OUR JEANS.

成衣水洗与后整理
GARMENT WASHING AND FINISHING

我们都希望自己的绝大多数服装看起来都崭新如初,唯独牛仔裤例外。虽然在传统时尚中,牛仔裤大都是以原色形态出现的产品,但如今全球市场上销售的绝大多数牛仔裤都经过了预褪色处理,通过工业水洗与后整理工艺来复制出人们梦寐以求的带有自然磨损效果的外观。传统时尚与原色牛仔文化的区别在于,我们不一定希望别人帮我们把牛仔裤弄褪色。

➡ 并非每个人都喜欢生硬粗糙的牛仔裤,采用浮石进行工业水洗是最常用的一种服装整理工艺,但这种资源密集型工艺流程正逐渐被一些更为绿色环保的新技术所取代。

一想到预洗、褪色或成品牛仔裤,就自然而然会想到石洗(石磨)。石洗,顾名思义,就是用真正的石头洗。要找到适合的石头也绝非易事,正如资深从业人士帕纳吉奥蒂斯·索菲亚诺斯(Panagiotis Sofianos)所回忆的那样:"20世纪80年代初期,当时我们不得不在希腊进行第一次石洗加工,并且还需要找到浮石货源。最好的浮石都产自一座名叫尼西罗斯(Nisyros)的火山岛,但岛上唯一一家供应商把货卡得很紧,最多只肯卖给我们几千克,因为他完全不相信我们是真的在寻找用于牛仔裤工业水洗的材料。迫于无奈我们只能撒大谎,骗他说购买浮石的目的是用于烤箱隔热。"原色牛仔面料的复兴之路似乎也一波三折,在过去几年里,工业水洗一直是牛仔面料行业的重要组成部分。

为何讨论工业水洗牛仔裤

始于21世纪的原色牛仔时装狂潮(不要与20世纪80年代的初代原牛混淆)催生了一个拒绝工业水洗与牛仔裤做旧处理的小众消费市场。尽管如此,如今市场上出售的大多数牛仔裤的破旧外观都是在工厂中刻意制造出来的效果,但通常也不只是洗洗牛仔裤那么简单。牛仔裤水洗与老化做旧处理已经成为牛仔行业一项价值数十亿美元的产业。遍布全球的大大小小的洗涤工厂,各种先进的洗涤技术,带来的是自然资源、人力资源以及化学制品的海量消耗。

正如安德鲁·奥拉所说,"牛仔面料行业的每个毛孔都滴着肮脏的血液",这就是讨论成衣后整理的意义所

➡ 牛仔裤工业做旧生产需要大量工人进行熟练的体力劳动。

➡ 成衣后整理的目的本质上在于模仿牛仔面料在经过自然穿着、磨损与洗涤后出现的破旧外观，而牛仔发烧友们则更倾向于自己动手 DIY。

在，无论你喜欢与否。后果就跟其他所有对环境产生影响的事物一样，这种影响是全球性的，不仅仅局限于水洗加工厂与做旧牛仔裤生产基地所在的区域。让我们从头回顾始于 20 世纪 60 年代早期的牛仔成衣后整理的发展演变历程。

牛仔裤后整理的历史

所有牛仔裤都始于粗斜纹原色牛仔面料。一部分牛仔发烧友青睐的质感硬挺的原牛，以及大多数人穿着的柔软舒适且已经"穿旧"的牛仔裤之间的区别在于，后者经过了工业加工处理，能呈现一种现成的"穿旧"的外观，呈现出水洗和破旧外观。但牛仔裤实际上并不需要经过这些处理——它们在走完裁剪与缝纫阶段后就已经完美无缺，可以直接上身了。直到 20 世纪 60 年代，所有新牛仔裤都是原色的、未经水洗处理的（尽管许多已经经过了预缩处理）。但在美国以外的其他地方，通常很难买到新牛仔裤。美国大兵（G.I.）曾不知不觉地在欧洲与亚洲，尤其是在日本，掀起过一股牛仔裤狂潮。美国大兵们扔掉的破旧牛仔裤被日本当地人捡了回去，随后间接造就了黑市交易的一派繁荣盛景。一些休闲装款式，尤其是士兵们穿过的那些结实耐用的蓝色裤子，在二手交易市场上非常紧俏抢手。牛仔裤，就像其他所有为美国大兵们带来温馨舒适的生活与思乡记忆的商品一样，已经成为美国自由生活方式的一种象征。

结果就是，欧洲人与日本人最先认识并且迷上了这种经过水洗与做旧处理的牛仔裤样式。随着二手牛仔裤交易市场发展日渐成熟，出于清洁卫生的考虑，所有牛仔裤都会经过清洗。因此，当牛仔品牌及零售商们在 20 世纪 60 年代中期首次推出未经水洗处理的全新牛仔裤时，销售状况异常惨淡。大约在同一时期，法国人弗朗索瓦·吉尔博（François Girbaud）促成了 Western House 时装精品店在巴黎市中心阿尔美大道（Avenue de la Grande Armée）开业，这是巴黎最早的牛仔时装堡垒之一，店内各式牛仔裤琳琅满目、应有尽有，其中就包括他从小梦寐以求的正宗牛仔装备。"那里简直就是巴黎的小美国。"他回忆道。尽管这位牛仔时装创新先锋个人极为偏爱未经水洗处理的原牛风格，但并非所有人都跟他一样。客户们很不适应这种质感粗糙的牛仔面料，他们只想要吉尔博身上穿着的那种看上去很破旧的款式，因为他们不相信牛仔裤

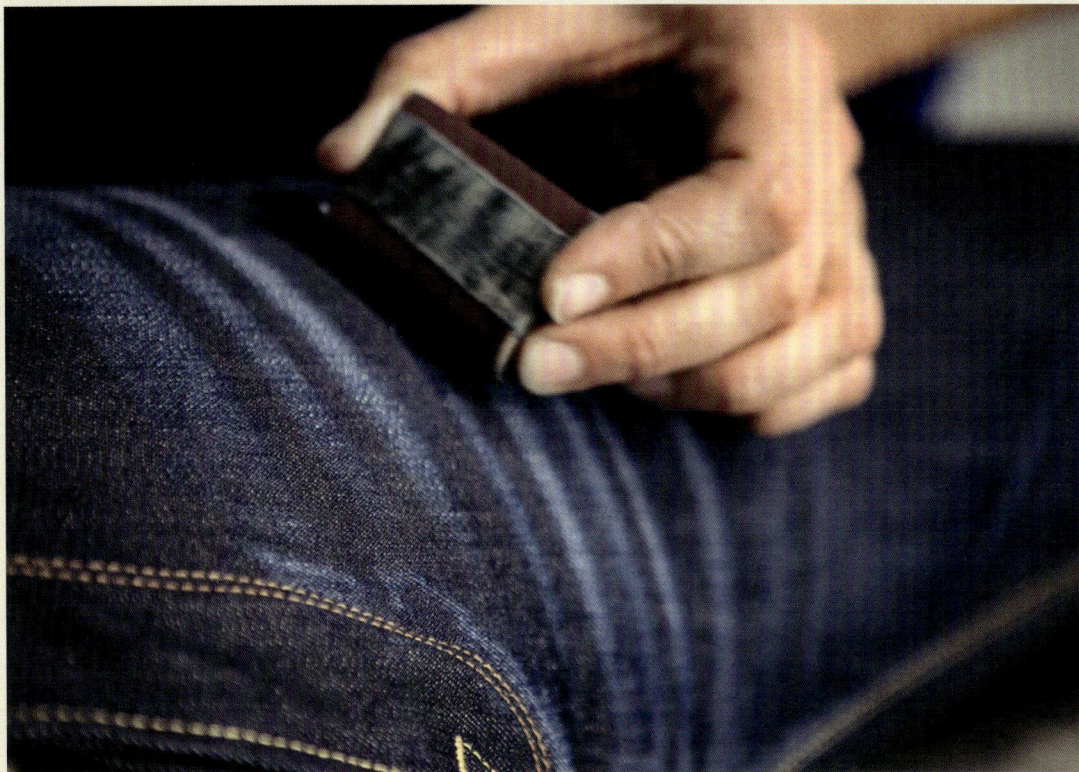

能通过正常的穿着、洗涤，自然而然变成那样的成色。

根据"顾客永远是对的"原则，吉尔博在本能的驱使下开始洗牛仔裤。起初，他在一家自助洗衣店洗涤，不久后，他的一位 Western House 精品店的合伙人就在城里找到了一家专门的工业洗衣店。之后，这些水洗牛仔裤的

↑　有很多方法可以加速原色牛仔裤的磨损与撕裂。用猎枪射击应该算是最极端疯狂的一种办法，千万别在家里干。

← 短短几秒钟，激光就能将牛仔面料上的靛蓝色烧去，并创造出一种自然磨损的视觉效果。这项工艺不仅节省生产时间，还无需化学漂白剂，事后更不用清洗。

售价翻了一番。虽然厚重的牛仔面料上的靛蓝染料损坏了通常用于清洗床单的机器——洗衣店老板非常不满——但吉尔博立刻意识到他正在做一件具有巨大发展潜力的事情。为了加速牛仔裤褪色，他尝试过岩石、沙子以及其他一些耐磨物质，直到他在意大利的一家美容院发现了浮石，这些小石头们也不负众望，漂亮地完成了任务。尽管吉尔博可能不是第一个采用石洗技术处理牛仔裤的人——瑞典的 Gul & Blå 和日本的 Edwin 公司在同一时期也有过类似的水洗工艺尝试——但吉尔博本人坚信自己确实是刻意将牛仔裤工业化水洗处理用于服装做旧的第一人。直到柏林墙倒塌——这是一个各种经过重度漂洗与化学处理的牛仔裤在市场上大肆泛滥的时代——吉尔博得出结论，他所帮助创建的这个牛仔服装分支产业并不环保。这位法国煽动者情绪激动，甚至公开高调宣称"牛仔裤已死"，这一举动令当时与之合作的 VF 公司大为光火。但他并未因此放弃自己的坚持，而是决定与 Jeanología 公司展开合作，共同研发资源消耗更少的替代性成衣后整理工艺。

牛仔水洗工艺创新

除了研究如何更好地打造出自然磨损痕迹与真实的色落效果，21 世纪的牛仔服装洗涤行业还专注于成衣水洗与后整理的各种可持续性方案。在气候变化问题已经成为全球新闻媒体每日关注焦点的时代，这些关于牛仔裤生产的好点子，以及它们对环境保护所产生的影响，也引发了社会公众的兴趣。但是，环保二字并非总能随时产生强大的号召力。尽管如此，Levis 与 Nudie Jeans 等牛仔制造商依然精明地将产品生命周期评估以及减少生产对环境造成的影响作为其品牌市场营销策略的组成部分，还有一些牛仔服装制造商甚至将其作为品牌形象的一部分。

自 21 世纪初以来，牛仔行业一直在探索开发传统牛仔服装水洗工艺的替代品，比如石洗、漂白、打磨等技术。出现这种发展趋势的一部分原因在于公众对全球气候变化的担忧日益加剧，这在名义上体现在越来越多的消费者对可持续生产的服装产品的需求上。还有一部分原因则是制造商与洗衣店也已经开始意识到需要采取一些行动来改变自身的行为。在很多情况下，用于成衣后整理的可持续生产方法不仅对环境友好，而且还能为公司大大节省水电消耗、化工用品成本以及人工开支等。因此，人们一直在不断寻求减少能源消耗及化工用品使用的牛仔成衣水洗与后整理替代方案。并且，这种探索也激发了成衣后整理领域一些最具创新性的重要发明的诞生。

突破性的技术创新包括用"激光做旧"（laser distressing）取代漂白与打磨，臭氧处理取代石洗与漂洗，纳米技术取代涂层与过度染色，甚至还有一些创造性的新型机械工艺。

与其他大多数服装不同的是，牛仔裤即便经过多次穿着与洗涤，外观看上去依然很棒。是直接买现成的做旧牛仔裤，还是花几个月甚至几年的时间来让新牛仔裤自然呈现完美的视觉效果，这是个人喜好的问题。但就像其他大多数被普遍认为美丽的事物一样，我们认为最吸引人的牛仔裤应该是什么样，纯属个人喜好问题，无关对美的讨论。■

➡ 时装设计师也可以利用激光技术在织物面料上进行艺术创作，它能产生一些饶有趣味的效果。

双重人格
SPLIT PERSONALITY

安东尼奥·迪·巴蒂斯塔（Antonio di Battista）是率先将新牛仔裤做旧艺术玩得炉火纯青的人，之后他重新整装出发，反其道而行之：推出原色未经处理的深色牛仔裤。Blue Blanket Jeans 品牌的这位创始人谈到了他牛仔人格中的两面性，以及打造一条经久不衰的牛仔裤对他的意义。

单就牛仔裤而言，安东尼奥·迪·巴蒂斯塔或许会被认为具有双重人格。"牛仔在我的生活中有着两种截然不同的含义，"Blue Blanket Jeans 品牌背后的这个意大利人说，"但我太爱牛仔裤了，所以对此我毫无问题。"

一方面是出于他的专业背景：20 世纪 90 年代初，他最开始在意大利的一家小型牛仔面料工厂工作，为意大利高级时装巨头范思哲（Versace）与杜嘉班纳（Dolce & Gabbana）等品牌生产牛仔面料。三年后，他加入了时装集团 Sixty Group，掌舵该集团旗下牛仔时装品牌 Energie。最后，在 2001 年，他开始为 Roy Rogers 品牌工作，这是意大利最古老的一家牛仔裤制造商，成立于 1956 年。那么迪·巴蒂斯塔在他从事过的每份工作中究竟发挥了怎样的专长？答案是牛仔水洗与后整理，是让一条牛仔裤看起来比实际更老更旧的艺术。

这看起来或许有点奇怪，因为这种专长与他在 2011 年推出的意大利品牌 Blue Blanket 风格几乎完全相悖：采用未经处理的深色原色日本牛仔面料制成的线条简洁利落的牛仔裤，经过精心剪裁，连裤袋都使用了织边牛仔面料。他要打造牛仔裤中的 Chuck Taylor All Star（以美国职篮巨星查克·泰勒签名为商标的匡威帆布鞋）或劳力士，这实际上体现的是一种精良的工艺标准、一种恒久不变的卓越品质，并且百搭、实用。

迪·巴蒂斯塔说："在我看来，牛仔裤真的就应该在腿上褪色。虽然我对水洗很着迷，但我一直想自己裁剪缝制一条牛仔裤。所以我专门为自己做了一些，还有朋友们也向我要了一些。于是我索性小批量地制造了一批牛仔裤，并且把它们都卖掉了——差不多 50 欧元一条，但不是当成生意来做，没想到它们一下就火了。"他解释道。

尽管在意大利并没有出现过这种情况，因为那边的市场更倾向于选择知名品牌生产的柔软、破旧且时尚新潮的牛仔裤。但是，他依然始终坚持"要做就做最好"的生产理念——迪·巴蒂斯塔表示，他现在使用的是日本牛仔面料，"但如果巴基斯坦也开始生产品质更出众的面料，那我也会选用它们"——Blue Blanket 品牌也因此为自己赢得了声誉。

这些牛仔裤款式采用了迪·巴蒂斯塔所认为的关键细节——衬里后袋、裤裆撞钉、无品牌标识纽扣等——将多种牛仔裤款式通过坚实的构造完美糅合于一体。在一次牛仔服装贸易展会上，迪·巴蒂斯塔甚至决定以"牛仔裤拔河"的形式来验证这一点。迪·巴蒂斯塔回忆道："整个展会上都是日本人，所以每个人都很安静、很有礼貌，所以我觉得应该制造点噪音。"于是他邀请展会现场的情侣们来尝试拉扯一款该品牌的牛仔裤（向 Levi's 牛仔裤的"双马拔河"主题品牌皮标致敬），每对挑战者都有一分钟时间。他说："实际上我心理压力很大，因为很多人都跃跃欲试。但我相信我们的这条裤子经得起考验。"

"我一直想自己裁剪缝制
一条牛仔裤。所以我专门
为自己做了一些。"
I HAD ALWAYS WANTED
TO CUT AND MAKE A
PAIR OF JEANS MYSELF.
SO I DID.

品牌名称 Blue Blanket Jeans 源自一个美国术语，意思是"一种让所有者有安全感的东西"。"就是那种孩子们不舍得离手的东西，"迪·巴蒂斯塔说。他也从自己海量的古着牛仔裤收藏中汲取了一些细节灵感。他参考了大约 3000 件牛仔服装，其中一部分是基于个人喜好，还有一部分是出于专业设计考量，它们可以提供一些色落效果与穿搭样式的范例，这些例子可以在新牛仔裤上重现。"我不得不买个大点的地方，把它们都装进去。别看我管它叫办公室，但实际上它更像个仓库，"他说，"从那以后，我把最重要的一千来件东西带回家，包好，之后妥善保存。它们占了很大的空间。"其他设计师——尤其是那些为阿玛尼（Armani）和杜嘉班纳等品牌服务的

时装设计师——也时常会从他那里租借一些牛仔服装回去以寻求灵感。

迪·巴蒂斯塔说："我从很小的时候就开始收藏牛仔裤，我就是痴迷于这样一种想法：一个人曾穿着我现在手里拿着的这条牛仔裤去做过什么工作？他的工作又是怎样让这条牛仔裤变成现在的模样的？我至今仍对这种想法很着迷。"▪

"我就是痴迷于这样一种想法：一个人曾穿着我现在手里拿着的这条牛仔裤去做过什么工作？他的工作又是怎样让这条牛仔裤变成现在的模样的？"
I WAS JUST FASCINATED BY THE IDEA OF HOW THE JEANS IN MY HANDS HAD BEEN SHAPED BY THE JOBS MEN HAD DONE IN THEM. I'M STILL FASCINATED BY THAT.

法式修正
THE FRENCH CORRECTION

石洗牛仔裤、阔腿牛仔裤，牛仔裤做旧的各种水洗实验——弗朗索瓦·吉尔博（François Girbaud）在这方面的尝试对于20世纪的牛仔行业具有极其重大的意义。进入21世纪后，他仍然坚持不懈地探索关于牛仔服装的各种新的可能性。在牛仔风格样式与创新实验等相关领域，他堪称牛仔服装产业最具影响力的人物之一。

弗朗索瓦·吉尔博一生都在拿牛仔面料做实验。他年轻时对牛仔裤所抱有的梦想——他说："所有那些美国形象都给我留下了深刻的印象，我想当一名牛仔"——后来很快都转化为重塑牛仔裤的各种创新技术。

吉尔博与他的长期合作伙伴玛丽特·巴舍勒里（Marithé Bachellerie）共同创造了深受20世纪60年代早期摇滚运动影响的时尚设计品牌 Marithé Girbaud & François。1964年，他在巴黎精品时装店 Western House 推出了自己设计的第一款牛仔裤，随后推动了"奇比"（Chipie）以及"尚飞扬"（Chevignon）等欧洲传统牛仔品牌相继问世，这些图卢兹公司都建立在法国本土的工作服历史传统基础之上。1969年，他的 Halles Capone 门店开张，吉尔博与意大利人阿德里亚诺·戈德施米德（Adriano Goldschmied）以及伦佐·罗索（Renzo Rosso）等亲密同事精诚合作，在推动牛仔面料实现更强有力的发展方面发挥了关键作用。其中有他个人的一份功劳，即便不是因为他发明了石洗工艺，那至少也是因为他推动了牛仔服装做旧等相关技术的创新与工艺进步，从而赋予了牛仔服装崭新的生命力，使其蜕变为一种更具时尚风格的产物。

在那个时代，Levi's、Lee、Wrangler 品牌，都将牛仔裤单纯地视为商品。"根本不是为了时髦，"吉尔博回忆道，"我们洗牛仔裤就是为了好卖，因此必须让它看起来与众不同。'天哪！这是什么！'这就是我们得到的真实反馈。在当时，哪怕对西部样式的五袋牛仔裤进行最轻微的细节改动，都会被视为一种严重的冒犯与挑衅。后来，欧洲生产的一些牛仔服装开始让我觉得，它们比所有美国牛仔制造商的产品都更重要。我们绞尽脑汁地想出各种做旧方法——先是用沙子，之后是石头，后来还用上了浮石。不过做旧的具体流程并不是重点，最重要的是让服装在上架之前便散发出古朴的味道，就是这么一个简单的想法。"

难怪吉尔博会因此被描述为既是理论家又是艺术家，他是在对社会生活方式的转变做出回应，并非为谋求自身利益而创造潮流趋势。当反乌托邦的时尚潮流如日中天之时，他又开始致力于环保理念的推广，比如他发明的一种完全不会褪色的牛仔服装染料"永恒之蓝"（Blue Eternal），以及一种能使老旧的牛仔裤重获新生的专业洗涤剂。当然，他的实验也并非仅限于面料后整理工艺，还包括对概念牛仔裤构造的探索。其品牌激进前卫的设计风格，在如口袋位置、臀部车线、裆部轮廓，以及喇叭裤型、牛仔裤/工装裤混搭款型，还有牛仔工具带等细节设计上都体现得淋漓尽致。"嗯，"他说，"对于日本收藏家来说，回顾牛仔裤制造商们在1936年所做的一切固然令人兴奋盎然、回味无穷，但我们其他人还应当着眼于未来。"

最为引人注目的或许要数吉尔博设计的开创性阔腿宽松牛仔裤，它最终成为非裔美国嘻哈文化不可或缺的重要组成部分（"Girbaud"一词曾在无数说唱歌词中被提起），因为吉尔博认为阔腿牛仔裤更适合非裔美国人的体型特征。"普通版型的牛仔裤不适合非裔美国人——它们是为农场工作的牛仔们设计的，太直、太紧，也太过传统。"他指出。20世纪后期，吉尔博的这种阔腿牛仔裤很快便横扫街头，成为时尚潮流的主宰。他说："当然，没人管你是在反映潮流还是在引领潮流，谁能说得清呢？"

从1989年起，他便开始钻研臭氧洗涤与激光做旧等创新工艺设计（与该领域的领军企业 WattWash 及 Jeanología 等品牌开展深入合作、共同研发），不涉及危害性生产流程、化工用品使用或水资源滥用。事实上，虽然他与实验伙伴们当初或许并不清楚自己的工作会对环境产生怎样的影响，但"现在他（我）们知道了，必须有所行动"。他说："从某种程度上说，我会有一些负罪感。不过，虽然我对石洗处理工艺带来的影响负有一定程度的责任，但现在我也正在积极寻求一种可持续发展的牛仔裤做旧的新技术。"

更多的想法仍有待探索。"牛仔创新的空间总是存在的，即便牛仔裤与生俱来的叛逆态度可能并不那么包容，"他暗示道，"说不定还有某种氦洗技术能让我们飘浮在空中，谁知道呢？我依然爱那些靛蓝分子可能发挥出的各种潜能。" ∎

↑　弗朗索瓦·吉尔博
正在检查自己的作品。　　➡　吉尔博与他的工
作伙伴们。

环保牛仔
GREEN JEANS

Jeanología 公司在探索纺织工业的新领域，应用最先进的激光技术，成功模拟并仿制出牛仔发烧友们梦寐以求的古朴气质和手工做旧外观，同时杜绝有毒化学用品的使用，避免水资源过度浪费。

如果一条牛仔裤在其最佳状态下会被认为是一件历经百年沧桑或经得起更长时间检验的手工艺术珍品，那么激光在这样一条牛仔裤的制造过程中又占据了怎样的地位呢？1993 年，何塞·维达尔（José Vidal）与侄子恩里克·希拉（Enrique Silla）共同创立了 Jeanología 公司，总部位于西班牙瓦伦西亚。他们坚信自己已经找到了答案，尽管该公司的激光技术如今早已被广泛应用于食品、制药及纺织等行业的雕刻、焊接和切割等生产环节，但他们也看到了该技术在未来人工做旧牛仔裤领域所占据的特殊地位。

事实上，这项世界领先技术的应用早在 2015 年的"超级碗"上就已初露锋芒，当时 Jeanología 公司与 Levi's 品牌合作，为现场观众提供一项观赛服务：观众可以现场定制专属于自己的 Levi's 牛仔裤，并印上自己最喜欢的美国球队的标志。Jeanología 的激光技术——不仅能在牛仔裤上制造出火焰效果，还能做出摩擦、大理石纹、棉结，甚至是竹节效果——貌似还具有更为重大的意义，那就是它将针对 20 世纪 70 年代以来始终困扰牛仔服装产业的一大难题给出答案：如何

"这与铸就手工牛仔服装产业的
未来息息相关。"
THIS IS ABOUT FORGING THE ARTISANAL DENIM OF THE FUTURE.

在不使用有毒化学品和其他可能对使用者及周边环境都会造成危害的工艺的生产前提下，让新牛仔裤呈现出一种历经岁月洗礼的沧桑之美？如何在节能环保、省水省电的情况下实现这一目标？

大约有 200 万人一边手握薪水，一边举着高锰酸钾喷雾对牛仔服装进行做旧处理，但 Jeanología 屡获殊荣的 PP 光喷雾（PP Light Spray）技术完全消除了这项需求。事实上，自 2011 年以来，该公司研发的其他基于光学的高科技技术已经被用于取代通过喷砂、石洗和手工刮擦处理所能获得（或者如该公司所说的"克隆"）的某些外观效果。它甚至还能模拟更昂贵的手工牛仔面料的织造工艺，生产出"虚拟"的自由端纱、环锭纱或网纹（crosshatch，使用不均匀纱线或

竹节纱作为经线和纬线编织而成的牛仔面料）牛仔面料等。还有一项 Jeanología 的技术——"光刀"（Light Ripper），通过激光切割牛仔面料表面以外的部位，以模仿古着牛仔裤上的撕裂和破损效果。此外，另有一种基于激光的系统能产生日晒褪色效果——当然，无需用到漂白剂。

恩里克·希拉对 Jeanología 技术的时效性深信不疑，更重要的是，这些技术的最终处理效果与使用化学用品及人工处理的效果别无二致。他说："创造力、可持续性与创新是新工业时代赢得生存发展的关键，随着科技的日益进步，牛仔服装做旧的机械化流程将成为可能，它更高效，同时也具有可持续性，而这一切都不会影响牛仔面料最终呈现的视觉效果。展望未来，不具备科技创新实力的牛仔行业将举步维艰。当然，如今依然存在许多与牛仔产业相关的环境问题，所以我们必须意识到这种局面，并采取行动，这与铸就手工牛仔服装的未来息息相关。"

当然，众多牛仔服装品牌——从 Edwin Japan、Levi's、Diesel 到 Gap、Pepe 再到 Hilfiger denim——都在争相投资此类创新技术工艺，使其品牌产品更具环保理念。或许最大的问题还在于 Jeanología 的创新技术能否被确立为行业标杆，以及消费者在实现这一目标的过程中愿意扮演怎样的角色。■

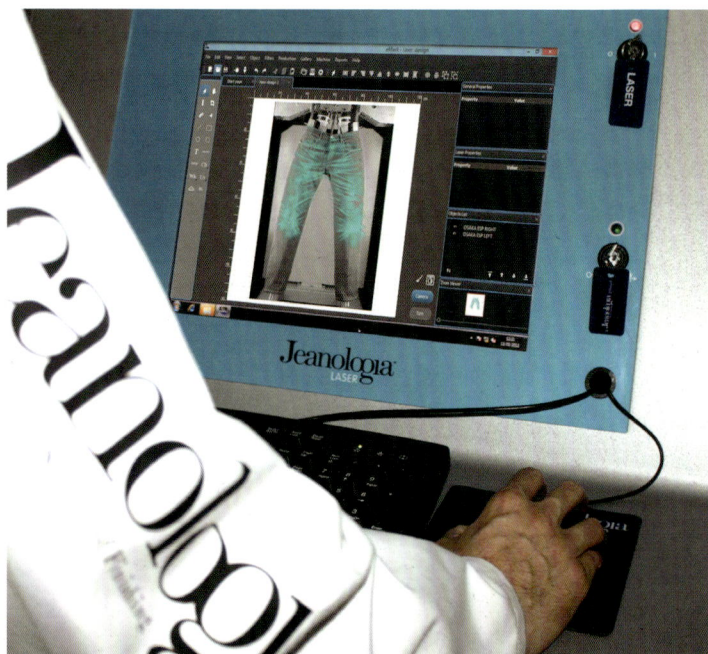

➡ 洛杉矶贝弗利大
道上的 Mister Free-
dom 商店，是牛仔爱
好者心目中的牛仔时
装圣殿。

牛仔裤
购买与穿着
BUYING AND WEARING JEANS

在了解了牛仔面料生产及牛仔裤设计制造的各种精妙工艺之后，最关键的时刻到了：购买与穿着。这是所有生产厂商与品牌呕心沥血的付出最终被用于个人的情感表达及身份认同，并与某些小众市场、生活方式，以及潮流趋势产生联系的时刻。牛仔裤的购买与穿着在传统牛仔时尚中也扮演着非常重要的角色。牛仔发烧友们在这方面几乎遵循着一种具有仪式感的清规戒律，其目的在于使（原色）牛仔裤获得最真实的色落效果。原牛爱好者们对色落的痴迷程度更是引发了全球消费者对牛仔裤穿着与洗涤方式的关注——不仅限于审美价值，还包括环境影响。

选购牛仔裤时需要考虑的问题
WHAT TO CONSIDER
WHEN BUYING JEANS

尽管如今有太多可供人们挑选穿着的牛仔服装款式与品牌，但要获得一件令人爱不释手的牛仔珍品也绝非易事。在众多消费选项中，通盘考虑个人预算、牛仔裤的合身度、版型款式以及品牌，或许就能做出令自己心满意足的消费选择。

优先事项 1：制订预算

购买新牛仔裤真的其乐无穷。假如此刻你正在翻阅此书，那么你应该很清楚，从令你流连忘返、散发着淡淡硫磺与靛蓝香气的牛仔时装港湾，或是你平常最爱浏览的牛仔裤网店里，淘到一条清爽、简洁、利落的牛仔裤时的那种激动感受。当然，假如真能收获一条穿上便舍不得脱下的牛仔裤，就更是美事一桩。搜寻快乐之旅的第一步：制订预算。

牛仔裤消费预算规划

不同消费者的优先考虑事项往往不尽相同，他们愿意为一条牛仔裤花费多少也因人而异，这无伤大雅。但预算自然会限制消费选择范围，假如预算金额是 50 美元，那就不要动 150 美元牛仔裤的心思。如果手里有 150 美元，那么哪怕试遍售价 500 美元的牛仔裤也只能是空欢喜一场。这就如同一个人只能勉强负担一套两居室公寓，却在四处浏览五居室的花园小洋楼一样。无论你愿意为牛仔裤支出多少金额，都应遵循"少即是多"的原则。买一条内心真正渴望的牛仔裤，哪怕价格贵一些，也不要选择你自认为会带给你满足和快乐的三四条其他"备胎"牛仔裤。当然，还有一点需要做到心中有数：即便这条牛仔裤的售价是另外一条的三倍，也不一定意味着这条更贵的牛仔裤就一定能比另外一条多穿两倍的时间。

很多时候，我们抱回家的牛仔裤实际上并不是我们真正想要的那款，为了避免此类情况发生，最好的办法就是弄清楚自己的预算。如果你发现某条牛仔裤超出了预算，那么就不要通过"随便买条新牛仔裤"来弥补内心的失落，尽管它可能只需要三分之一的价钱。相反，把钱放回口袋装好，继续攒钱买那条万里挑一、让你真正爱不释手的牛仔裤。回家继续穿衣橱里现有的牛仔裤，直到你能买得起那条梦寐以求的牛仔裤。虽然一开始可能会满足于一些退而求其次的服装选择，但很可能买回家穿不了几天便会弃之不顾，又重新光顾那些有出售你梦中牛仔裤的商店。

最后一点，为你真正想要的那条牛仔裤额外支出一些费用也算物有所值，这意味着它会带给你更多的满足与快乐，你可能也会因此穿得更多，如此一来，实际上你为这条牛仔裤支出的成本反而更低了，但前提是它们高昂的售价主要由其精良的做工和卓越的品质决定，而非单纯依靠品牌的光环效应。然而，不管你愿意为之付出多少，价格并不是唯一需要考虑的因素。

优先事项 2：合身度

我们总觉得衣橱里永远缺一条新牛仔裤，是因为牛仔裤的版型款式趋势总在不断变化。即使是铁杆牛仔爱好者，也会购买一些当下时尚新颖的修身款型牛仔裤。假如你的身材适合，一条现代款的紧身牛仔裤上身后会非常出彩。但问题在于，它并不适合所有人的体型——然而，依然有许多人盲目地追赶潮流，而不是选择真正适合自己的东西。不管一条牛仔裤售价多么高昂、款式多么新潮、品牌多么有名气，假如它不合身，就请管住自己的钱包。

我们这里讨论的合身度并不是指一条牛仔裤的尺码，找到适合的尺码完全是另一个话题。合身度是指一种合适的尺码如何与你的体型贴合，也就是它如何突出你的身材优势。最早的时候，牛仔面料主要被用于生产制造工作服：这种服装必须结实耐用、剪裁宽大，能适合各种体型的人穿着，并不追求时髦花哨的外形。而当牛仔裤一脚踏入时尚秀场，时装设计师们便开始着手改进其合身度，将焦点对准特定的外观。这里涉及关键的一点：如果一条牛仔裤的合身度高度依赖穿着者个人的体型，那么设计师应当如何为大众市场打造出具有特定外观的牛仔裤？

如何找到最合身的版型

总体而言，在选购牛仔裤时需要把握三个标准：体型、身高和年龄。服装版型选择取决于你的体型，如果你瘦得像根竹竿，那么紧身款的牛仔裤肯定适合你。如果你的大腿粗如树墩，那么锥形裤通常是最讨喜的明智选择，千万不要误以为宽松版就是默认的万能百搭。如果你是中等身材，那么既可以选择紧身款式，也可以穿着宽松版型。但要注意，越紧身的版型往往越容易暴露膝外翻

和罗圈腿等身材缺陷。

　　除了体型之外，还有身高。个子越高，应选择越宽松的牛仔裤。如果你的腿短，那么宽松的款型会让你的腿型显得比实际更短，而低腰款式更会让短腿的状况雪上加霜。相反，若是选择长度恰到好处的高腰牛仔裤，即便是宽松型，也会让你的腿型在视觉上更显修长。

　　当你找到一条适合你体型与身高的牛仔裤，还要再考虑一下它是否适合你的年龄。有些款型哪怕再时尚新潮，也无法超越年龄的限制。紧身款牛仔裤就是一个很好的例子。如果你在四五十岁的时候还能拥有二十岁的身材，那肯定是美事一桩——但这并不意味着你应该穿得像个十几岁的小年轻。基本上，人越年轻，身上的牛仔裤就越紧。

　　当你找到一条称心的牛仔裤后，就先试一试，如果不行，那就拿它跟你最喜欢的一条牛仔裤对比一下，看看需要多大尺码。如果在品牌、合身度和面料等方面缺少经验，切忌盲目地仅凭尺码标签做决定。记住，那些未经预缩处理的牛仔面料通常都会缩水 10%，话虽如此，但现在大多数牛仔裤都经过预缩处理，或者通常以"收缩至合身"（shrink-to-fit）作为广告宣传用语。随着弹力牛仔面料逐渐成为行业标准，尤其对于紧身版型的牛仔裤，真正应该关心的是面料的弹性伸展率。

　　如果你正在寻找一条彰显当代风格的紧身牛仔裤，弹力牛仔裤或许能满足你的需求。如果你更偏爱正统风格的宽松版型，那么尽量选择面料厚实硬挺一些的。最后，你对版型的选择不应该被潮流趋势、身边朋友的穿着，甚至对面料的个人主观喜恶所左右。相反，要选择适合自己身材的牛仔裤。一旦买到称心的牛仔裤，接下来就需要考虑如何穿搭。

↑　选购牛仔裤时，应该综合考虑消费预算、服装合身度、款式造型以及品牌等因素。

紧身牛仔裤的消费需求为牛仔面料带来了怎样的改变

对紧身牛仔裤日益增长的消费需求是推动弹力牛仔面料研发与创新的一大动因，弹力牛仔面料的创新在 20 世纪的第一个十年和第二个十年里得到了大幅提升。

尽管质感硬挺的 100% 纯棉紧身版型牛仔裤在视觉效果上也很出色，但它们的缺点在于伸缩性欠佳。当然，假如它们确实适合你的体型，倒也不无可取之处，但穿着舒适感很可能会因此大打折扣。在弹力牛仔面料发明以前，那些喜欢穿紧身牛仔裤的时尚潮流先锋们多少都从中吸取过经验教训，也坦然接受了"想要美，先受罪"的这一现实，毕竟他们当时别无选择。但是，如今各式各样的紧身版型随处可见，具有弹力、穿着舒适的牛仔裤选择也变得更丰富。尽管许多纯粹主义者可能会说，从审美角度看，弹力牛仔裤不如硬朗的牛仔裤漂亮，但牛仔服装产业如今推出的这些高弹力牛仔，从外形上看其实与 100% 纯棉产品已经相差无几。由于大多数消费者通常不太在意质感硬

挺的牛仔面料与弹力牛仔面料之间的这些区别，他们也乐于牺牲一定程度的真实性来换取弹力面料所带来的舒适感。

优先事项 3：造型

选购新牛仔裤时最重要的一点是：仔细观察牛仔裤的结构、品牌细节、面料质感和后整理工艺。换言之，即牛仔裤的整体造型。但如果消费预算尚不确定，也未找到合适尺码的心仪款型，就需要多从细节入手。这就好比如果不知道房子有多大、需要怎样的储物空间，就不要盲目下手急于装修。牛仔裤的选购也遵循同样的道理。

我们的目标是挑选符合自身气质与着装风格，并且能与衣橱中其他服饰协调搭配、相得益彰的牛仔裤。人们对牛仔裤的款式选择往往多凭直觉，要么喜欢，要么不喜欢。但假如你把它拆解，分别审视其结构、品牌、面料和后整理工艺等元素，就更容易做出明智的选择。

结构就是牛仔裤的裁剪与缝制方式。后约克的裁制或内侧接缝偷偷参考了牛仔服装发展历史上某个特定时期的结构方法，一条牛仔裤的接缝是平缝、锁边还是明线缝合，这些都是牛仔裤设计师们烂熟于心的东西（至少应该知道），也是牛仔发烧友们会一丝不苟地检查的细节。对一些人来说，假如裤脚上没有链式线迹，可能会大失所望。并且，缝线颜色也会对牛仔裤的外观造型产生很大影响。在版型和面料相同的前提下，采用同色系缝线会给人一种优雅之感，而采用色彩对比鲜明的烟草色缝线更能体现一种最正宗的传统牛仔风格。后袋上有或无装饰缝线，也能说明很多问题。

标签、品牌贴以、撞钉等更明显的细节特征自然也会影响牛仔裤的款式风格。如果一条牛仔裤要搭配一套更时髦的衣服，那么建议选择简约利落的款式。如果在相对正式的办公场合与正装衬衫或西装外套搭配，那么某些带有正品标签、品牌贴以、后腰调节束带（cinch back）和传统样式的外露撞钉细节的牛仔裤就会显得格格不入。

牛仔面料本身，尤其是它所呈现的色落样式，应该算是最显著的造型线索。不管牛仔裤是自然穿旧的，还是特意挑选的复古做旧款式，牛仔裤越破旧，着装风格就越不正式。最后，服装风格本就是个见仁见智的话题，因此要完全客观地讨论也不太现实。但关键的一点是，应当考虑牛仔裤的版型款式是否符合个人的整体穿搭风格。

优先级 4：品牌

在牛仔服饰历史发展早期，品牌主要被用于展示牛仔服装有形的外在特征与内在的优越性能，比如耐用性或者某种独特的加固工艺等。如今，品牌二字的价值早已远远超越其原有内涵。想想你认识的某个人，他是不是常说："我只穿 Levi's。"他穿了一辈子 501 牛仔裤，往后可能也不

> **"我们的目标是挑选符合自身气质与着装风格，并且能与衣橱中其他服饰协调搭配、相得益彰的牛仔裤。"**
> **THE GOAL IS THAT YOU CHOOSE JEANS THAT WILL MATCH YOUR STYLE AND WORK WITH THE REST OF YOUR WARDROBE.**

➡ 上图：许多牛仔裤收藏家都拥有几十条牛仔裤，其中大部分都是他们日常生活中会穿着的。此外，另有一些收藏家，比如鲁埃迪·卡勒（Ruedi Karrer），他们收藏的牛仔裤多到下辈子都穿不完。

下图：一旦找到自己喜欢的牛仔款式、风格或品牌，就请坚持下去。同一条牛仔裤在不同的穿着阶段会为你的服装搭配提供更丰富的造型选择。

会再钟情于别的牌子。这就是为什么品牌是任何一家公司最强大的资产：因为它能讲述我们的个人情感。品牌的终身忠诚者（可能）感受到的是信心、安全感与信任。这些内在感受很难伪造，通常需要经过多年的积淀才能让消费者感受到，各种品牌自然也深谙此道。与品牌相关的情感联结具有如此重大的意义，这也是为什么如今每个品牌都热衷于通过讲故事的策略开展品牌营销——它能大大提升产品销量。

虽然对一个品牌的认知感受对于提升我们穿着牛仔裤时的自信心很重要，但假如忽略购物预算、牛仔裤是否合身，以及牛仔裤是否符合你的个人着装风格等问题，一味追求某种品牌的光环效应，那么这样的购物体验通常不会让你获得更多的快乐。假如预算超支、购买了不合身或者不符合自己气质的牛仔裤，那么此时它属于哪个品牌其实已经无关紧要，并且，穿上这样的牛仔裤反而会让你丧失原本的自信魅力。此外，还有一个风险：你在别人眼中很可能会被视为不够真诚、装腔作势。很多时候，我们购买某个品牌主要是因为我们相信别人会因此而高看我们，这就是所谓的炫耀性消费。通过穿着某个品牌的牛仔裤来为自己增添一些自信，这本无可厚非，但千万不要将其作为你唯一的引路明灯。一旦找到一个符合上述三条标准的品牌，就要考虑它带给你的真实感受。多了解和熟悉一些自己感兴趣的品牌故事以及品牌核心价值观，之后再从中选择最能代表你个人价值观的品牌。∎

名字说明一切
THE NAME SAYS IT ALL

名字意味着什么？ DENHAM 不仅仅是一个备受推崇的富有创新精神的牛仔时装品牌的名称：它也是一个或许生来就注定要与牛仔裤打交道的人的名字。听听杰森·德纳姆讲述他如何在牛仔行业为自己赢得一席之地，又是如何打造品质卓越的牛仔服装，成就了一个伟大的品牌。

大家或许都注意到了，杰森·德纳姆的姓氏"Denham"无论是听起来还是看上去都跟"Denim"一词很相近。德纳姆说："我老早就想过用自己的名字来给一个牛仔裤品牌命名，但始终觉得哪里不对劲。当然，直到我推出这个品牌后，我才发现它确实应该带有我的名字。不过，很多人都曾满心疑惑地问过我不少问题，比如'打扰一下，你的名字真的是"denim"吗？！'这类问题。但是，过了一段时间，当我的名字真的变成了一个品牌后，也就没人再琢磨这事了。谁能料到一个叫 Acne（Acne studio）的牌子都能火呢？"

杰森·德纳姆是一位从事品牌开发的专业人士，正如他自己所说，他是个"爱穿牛仔裤的家伙"。他还是一位商人，也是 Pepe 品牌的设计师。为了 Pepe，他从伦敦搬到了阿姆斯特丹——之后与另一位合伙人共同创立了自己首个牛仔时装品牌 Blue Blood。但是，更偏爱意大利时尚产品的德纳姆总觉得自己关于牛仔裤还有一些未尽之言。于是，DENHAM THE JEANMAKER 品牌于 2008 年应运而生。在那之后的几年里，品牌发展势头强劲，不断扩张（事实上，第一家独立门店已经开业，并推出了首个牛仔时装系列。公司的一些同事对他的评价是"疯得可以"）。

德纳姆表示："对我来说，牛仔裤生产制造中最令人兴奋的一件事情就是品牌建设，它意义重大，因为这一行里，没有谁生来就是天才——说到底，一条牛仔裤也不过是五个口袋加两条裤腿，很难传达更多不同的信息。所以你必须讲述一个更宏大的叙事，必须坚定自己的立场。"

对于 DENHAM 而言——无论是品牌还是他本人——这意味着品牌采用牛仔裤最基本的样式设计（正如他在前文中所概述的那样），并将这一理念推广到那些只喜欢素净的重磅原牛爱好者们不太感兴趣的领域。德纳姆是以这类牛仔风格的支持者身份发表此番言论的。

"举个例子，假如你前几年问我会不会穿弹力牛仔裤，我会告诉你绝对不穿，"德纳姆暗示道，"在我看来，弹力牛仔裤这种东西太荒谬了，尤其是穿在男人身上。但现在的弹力牛仔已经今非昔比，并且品质还在不断提升，其实很适合现代生活。我本人也喜欢那种硬挺的原色牛仔面料，但它们有时也确实不太实用，而弹力牛仔面料是一种经过改良、更符合人体工学的面料。在我看来，五袋式剪裁才算是最正统的牛仔裤，但也不能永远停留在过去。"就像他公司的口号那样："尊重传统，打破常规。"或者，按照德纳姆的释义："理解牛仔裤的身世来历，之后还得推着它一路向前迈进。"

尽管 DENHAM 牛仔裤——无论是产自意大利（使用 Candiani 品牌的牛仔面料）还是日本，这取决于每款牛仔裤各自的设计——可能会冒犯到一部分牛仔爱好者，但对其他人来说，它代表着一种进步和改良：例如，该品牌牛仔裤标志性的七角形后袋设计（相较于传统经典的五角形后袋）。德纳姆认为这样设计的优点在于，更容易把手伸进口袋里。还有标准的（更结实的）鱼骨纹口袋布（fishbone pocket bag）或一片式门襟（one-piece fly）。德纳姆指出："人有三急，在你急着想要方便的时候，一开到底的门襟设计比打枣加固缝的设计更方便。当然，诸如此类的细节挑剔应该见好就收，所谓万事有度，过犹不及。但确实能做出更完美的牛仔裤。"

这种精神或许在公司的品牌标识上也有所体

← 杰森·德纳姆似
乎命中注定要创立自
己的牛仔品牌。

"你必须讲述一个更宏大
的叙事，必须坚定自己的
立场。"
YOU HAVE TO HAVE A
BIGGER STORY.
YOU HAVE TO STAND
FOR SOMETHING.

现——一把缝纫剪——而它又源自德纳姆的第一份工作：协助英国设计师乔·凯斯利-海福德（Joe Casely-Hayford）为 U2 乐队的 Zooropa 巡回演唱会定制牛仔裤。德纳姆说："在其他人有所觉悟之前，他就已经开始做高级定制牛仔裤了。在牛仔裤定制中引入适当的剪裁工艺这一想法真的引起了我的共鸣。实际上，对于牛仔裤来说，剪裁与合身就代表了一切。如果剪裁不对，就算你的面料再神奇，洗水工艺再先进，也是白搭。"

德纳姆认为，这位英国设计师所强调的东西与他当初创办公司时所处的文化氛围完美融合。他说，DENHAM 是个荷兰品牌，它不但完美契合了阿姆斯特丹充满激情与活力的牛仔时装文化（"荷兰人很喜欢穿牛仔裤，因为他们对那种极度夸张疯狂的时装风格并不买账。"他是这么认为的），并且与荷兰 20 世纪时装设计的敏锐性相得益彰：简洁、实用，又独特——最重要的是，没有太多历史包袱。

德纳姆说："我从阿德里亚诺·戈德施米德（Adriano Goldschmied，意大利时装设计师）那里学到了这一课，他是我的导师，也是我的灵感来源。我很喜欢他身上的一点，就是他真的不在乎牛仔裤或牛仔面料的历史，也不会收藏存档任何东西，只管埋头做他该做的，始终往前看，一切都为了明天。"■

边缘之上
ON THE EDGE

当基亚·巴布扎尼（Kiya Babzani）决定引进日本牛仔面料来撬动美国市场时，他陷入了困境，因为当时美国的牛仔服装市场早已被 Levi's 等巨头企业抢占先机，市场已呈高度饱和状态。但没过多久，巴布扎尼销售的日本牛仔品牌开始赢得市场认可，这一铤而走险的产品战略激起了人们对高端牛仔服装的新兴趣。

基亚·巴布扎尼说："实际上你必须说服大多数人掏出 300 美元来买一条他们闻所未闻的品牌牛仔裤，而大多数来光顾店铺的客人从来都没听过我们销售的这些产品。"巴布扎尼很清楚，他是在为一个利基市场服务：尽管高端牛仔裤或许确有其忠实拥趸，但它终归只是少数人的小众爱好。在这方面他很在行，他是现代牛仔时装零售业的先驱人物之一，也是 Self Edge 品牌的创始人，该品牌于 2006 年在旧金山开设了一家专卖店，之后又将市场版图扩张至纽约和洛杉矶（这两家店铺均为他与 3sixteen 品牌创始人共同所有）。此外，他在波特兰与墨西哥也相继开设了一些店铺。

"我真的没抱任何期望，我自己也不知道为什么要卖这些东西，"他笑着说，"毕竟，这种等级的牛仔裤产品很难做。大多数牛仔裤尺码偏小，面料掉色染得到处都是，洗完还会缩水，裤腿内长（inside leg）有 37 英寸长—— 至少在 NBA 球员中还蛮受欢迎。"

如果巴布扎尼当初没有自立门户经营零售企业，那么他的后半生可能就要在复印机维修中度过——他在父母的公司一干就是 12 年。当时共有两间店铺，其中一间主营滑板与冲浪运动服饰。他说："我不太喜欢这些东西。"另外一家出售高端运动鞋。正是这段经历——发现自己的生意实际上都被一些大品牌供应商一手掌控——让他下定决心另辟蹊径，重新开始。这一次，他要按自己的方式来。

自从巴布扎尼到香港工作以后，他就迷上了日本牛仔面料，一直到现在。他收集了自己能找到的所有此类品牌的样品。"然后还买了一大堆具有恋物色彩的杂志，你懂的，就那种印着很多日本牛仔裤照片缩略图的服装杂志。"他说。于是他认定这些就是他想卖的东西。他曾经走访过一些日本牛仔品牌，请求他们授予 Self Edge 公司在美国的独家经营权。"有些人就觉得很困惑，"他回忆道，"他们说：'美国不是有 Levi's 吗，那你为什么还要我们的产品？'他们当时根本不清楚自己的牛仔裤对西方市场的吸引力，因为他们制造的牛仔裤长期以来都只在日本国内销售，以至于他们对国外市场几乎一无所知。"

Self Edge 是为这种市场局面带来变数的关键，至少在美国是这样。虽然当时纽约 Blue in Green——也是一家以牛仔服装为主打特色的商店——已经开业好几个月，但 Self Edge 却是首家在日本以外地区经营销售多个日本牛仔品牌的公司，其中包括 Dry Bones、Strike Gold 和 Real Japan Blues 等品牌。巴布扎尼强调，其实专注于这些品牌的经营风险很大，因为当时就只有一种刚脱颖而出的牛仔爱好者文化。

他还记得旧金山门店开业当天的情形，他一直惴惴不安地琢磨到底会不会有人前来光顾。他说："我们店里的顾客都来自世界各地——他们之前一直都在诸如 Superfuture 一类的网络平台讨论牛仔裤，但在现实中从未真正见过彼此，这一次他们终于相互认识了。"

事实上，如今 Self Edge 早已发展壮大成为一家一流的服装零售商，但他仍然对公司业务发展的速度持将信将疑的态度。他认为，这证明了一些人对日本牛仔的热情，这就足够了。他承认，这就像一个泡沫。他说："由于现在所有人都穿运动裤，牛仔裤可能已经风光不再了，有时会有杂志媒体打来电话询问我们有何应对之策，但他们不是我们的客户——我们的客户是更为狂热痴迷的那一类人。"这很可能是个注定要破灭的泡沫，巴布扎尼表示，人们对日本牛仔的兴趣总有一天会消失，这也在所难免。哪怕只是因为年轻一代更多地受到价格因素和群体的影响，而不是受产品本身的驱使。

"世间万物周而复始，循环往复，"他说，"我现在是个狂热的黑胶唱片收藏家，但如果你在以前对我说我对黑胶的需求会像现在一样强烈，我会认为你疯了。人们不必为日本牛仔的衰落而难过，他们应该为牛仔服装的发展进步而雀跃，并准备好迎接日本牛仔的再度回归。"▪

"我们店里的顾客都来自世界各地——他们在现实中从未真正见过彼此，这一次他们终于相互认识了。"
BUT WE HAD PEOPLE FROM ALL OVER THE WORLD AT THE STORE—PEOPLE WHO HAD NEVER ACTUALLY MET EACH OTHER FINALLY DID.

大阪、冈山、苏黎世
OSAKA, OKAYAMA, ZURICH

罗杰·哈特（Roger Hatt）呕心沥血经营的首家手工原色牛仔服装专营店，正引领欧洲市场步入一个让深色牛仔服装大放异彩的崭新时代。在了解并接触了众多手工牛仔服装制造商（其中很多都来自日本）之后，摆在他面前的下一项挑战便是：如何让买家了解他们此刻所接触到的这些品质卓越的高端原牛产品的精妙之处。

"买牛仔裤、夹克和衬衫这一类服装的时候，通常要选择同一家品牌的产品——这样你就能感受到它们所要传达的意图。"
LOOK FOR A PAIR OF JEANS, A JACKET, AND A SHIRT FROM THE SAME MAKER— THAT'S WHEN YOU GET A SENSE OF WHAT THE MAKER IS TRYING TO SAY.

仅那一次会面，便让罗杰·哈特脱胎换骨。在 20 世纪 90 年代中期，当时的哈特已经是一位小有名气的牛仔服装销售人员，他在苏黎世一家名为 VMC 的时装店工作。这家商店经营销售少量牛仔三巨头企业 Lee、Levi's 和 Wrangler 生产的牛仔服装——但更多的还是来自法国与意大利的牛仔品牌，比如 Chevinon、Diesel 以及 Replay 等。之后，便有了哈特与日本牛仔品牌 Evisu 创始人山根英彦（Hidehiko Yamane）的故事。

"是它的故事——原色牛仔面料、更宽松的裤型以及牛仔裤的剪裁制作方式等——真正唤醒了我对牛仔裤的兴趣热情。"哈特表示，自己对牛仔布的痴迷程度已经达到专门为了它去上夜校学习纺织品设计的地步。"欧洲一直是价格驱动型市场，但日本人只关心产品本身，甚至都不太考虑价格。这让我对牛仔服装有了一些截然不同的新看法。"

那次命中注定的会面，为后来发生的故事埋下了一粒种子。2000 年，VMC 公司最初的创始人向哈特抛出橄榄枝，提议将公司卖给他，哈特也欣然接受了这桩交易，并在之后将 VMC 焕然一新，将其打造成欧洲首批从事手工牛仔服装产品经营的主要零售商之一，主打日本牛仔品牌。哈特自称他的商业模式是埃迪·普伦德加斯特（Eddie Prendergast）在伦敦创立 Duffer of St. George 品牌的当代版本。继日本牛仔潮牌 Evisu 入驻之后，Sugar Cane 也随之闪亮登场。之后，Warehouse、桃太郎（Momotaro）、Kapital 以及 Pure Blue Japan 等各种备受追捧的牛仔潮牌都纷纷上架，或者说至少是一些哈特可以联系接触到的品牌。

哈特说："你要知道，在当时，所有事情都得靠发传真来解决，否则，假如你直接一个电话打到日本，肯定当场就会被挂电话，因为对方压根儿听不懂你在讲什么。确实很不容易。我们当初就想做首家日本原色牛仔（原牛）服装专营店，那会儿可能真的是疯了。但我们认为，这项工作就是找到那些在日本以外的市场买不到的东西，然后把它们推荐给顾客，尤其是因为当时这些东西在市场上的售价是意大利品牌或法国品牌的两倍。"

在哈特的创业过程中，他练就了一双火眼金睛，能敏锐地洞察日本牛仔品牌厂商与其他一些制造商之间的微妙差异，也慢慢积累了各种相关专业知识，并且也对每个品牌试图通过自身产品来表达的各种不同的生活态度与生活方式等了如指掌。他指出，乡村摇滚乐（rockabilly）迷通常更偏爱 Flat Head 品牌；20 世纪 50 年代复古风潮的狂热追随者则喜欢 Warehouse 的传统款式细节；那些对军装审美风格情有独钟的人则会选择 Real McCoy's 品牌；等等。哈特解释道："牛仔裤单从外表上看似乎都长得差不多，但实际上，不同类型的人得穿不同风格的牛仔裤。我买牛仔裤、夹克和衬衫这一类服装的时候，通常要选择同一家品牌的产品——这样你就能感受到它们所要传达的意图。"

哈特可能是最早从事原牛服装专营的零售商之一。虽然他的公司总部位于苏黎世，但他也承认，他从事的这项生意目前在苏黎世还不成气候，但他也不再是孤身奋战。随着国际市场竞争日趋激烈，对日本牛仔面料的需求也涨势迅猛。但是，得益于互联网和全球化发展趋势，获得它们也变得更加容易。这就是为什么他始终觉得自己必须先发制人，抢占先机。

"对很多人来说，牛仔服装代表着一种生活方式，也是一种激情的表达。它们不会因穿着者年纪增长而变得不合时宜——它不分年龄，永远年轻，"哈特说，"但我们必须不断创造新的东西，引领牛仔事业向纵深发展。"▪

← 罗杰·哈特在他经营的一家 VMC 专卖店门口。

牛仔裤的日常洗护保养

HOW TO WASH AND CARE FOR YOUR JEANS

从历史上看，洗牛仔裤终归只是家务活，很难成为具有更大新闻价值的热门话题。随着传统时尚趋势的复兴，如何洗（或不洗）牛仔裤却成了公众感兴趣的一个话题。但问题在于，或许是为了更浅显易懂，这些小窍门背后的逻辑往往会像新闻标题一样被过度简化。

← 洗涤会软化牛仔裤，去除一些靛蓝染色。如果想要获得高对比度的色落效果，应尽可能减少洗涤次数。

为何讨论牛仔裤的洗护保养

牛仔时装品牌 Blue Blanket 的创始人安东尼奥·迪·巴蒂斯塔在他 14 岁那年向朋友们发起过一场挑战。他回忆道："我们都爱穿牛仔裤，并且通常都喜欢在同一天结伴去买。这项挑战的内容就是：谁能在不洗牛仔裤的前提下穿得最勤、最久。当然，每次都是我赢。我现在还保留着当时的那些牛仔裤。这段经历让我知晓了牛仔裤是怎样一步步褪色并且呈现出穿着者本人的身型特征的。"这段经历也为他之后的牛仔服装职业生涯开启了一扇大门。对于迪·巴蒂斯塔与其他许多牛仔迷来说，洗（或不洗）牛仔裤是牛仔服装穿着体验中不可或缺的部分。

谈论如何清洗牛仔裤并不是什么新鲜事。在预缩工艺发明之前，与所有纯棉织物一样，牛仔面料会遇水收缩至合身。这意味着，从牛仔裤最初被发明以来，关于如何购买与清洗牛仔裤以避免过度收缩的话题，一直都是牛仔服装消费体验的一部分。如今的商场货架上随处可见现成的具有自然磨损破旧外观的牛仔裤款式，但在此之前，消费者都必须靠自己把牛仔裤穿出这样的效果。为了加快这一进程，有些人甚至会穿着牛仔裤洗澡，用海绵擦洗牛仔裤，这种事偶尔还会被当成奇闻逸事来报道。在 20 世纪 80 年代和 90 年代，当时给牛仔裤穿着者的建议是尽可能多洗牛仔裤，譬如 Levi's 品牌的牛仔女装系列就主张："越洗越好看，越洗越好穿。"这些品牌甚至还建议用滚筒烘干，这种事对于今天的牛仔纯粹主义者来说是绝对无法容忍的。尽管如此，假如你的目的是达到色泽均匀的清洁效果，这确实说得通。最重要的是，为了防止面料质地硬挺的紧身版型牛仔裤松垮变形，清洗是很有必要的一项

措施。20 世纪 80 年代，欧洲刚开始流行原色牛仔服装的时候，无论设计师还是消费者都很喜欢它们的深色外观与略显粗糙的触感。他们并不太在意裤子会怎样褪色，因为色落效果并不是重点，并且一部分人压根儿不想看到自己的牛仔裤褪色。

随着 21 世纪前 20 年原色牛仔（原牛）运动的兴起，人们耳边开始慢慢出现一种"别洗牛仔裤"的声音，或者说，至少建议尽可能往后推迟清洗的时间。原牛纯粹主义者纷纷穿上原色牛仔裤，因为这些裤子会自己褪色；他们渴望经过自然褪色呈现出高对比度的色落效果。在 Nudie、A.P.C. 等牛仔潮牌的营销策略推动下，许多消费者开始意识到，推迟清洗牛仔裤能产生更高对比度的色落效果，因为靛蓝染料不会被洗掉，也不会渗入到褪色的折痕和褪色的部位。这最终促使消费者对牛仔裤为什么会褪色这一问题产生怀疑，从根本上激发了牛仔服装品牌、零售商以及媒体对原牛服装的需求。一些从未参与过正规纺织品生产实践或理论学习的牛仔爱好者也纷纷开始学习牛仔面料的制作技术，尤其是关于它们为何褪色、如何褪色的问题，他们想了解"缘由"（why）。从前只有圈内人才知道的有趣信息一夜之间突然引起了更广泛的群体关注，而牛仔面料生产的相关技术特点，以及它们为消费者带来的种种穿着体验与内心感受，开始逐渐成为主要的消费动因。这就是为什么今天的牛仔时装品牌与零售经销商会利用各种

牛仔服装生产制造的相关议题来左右消费者的购买意愿。

但是，数以百万计的牛仔发烧友之所以爱穿原牛，并非耳根子软、喜欢跟风从众，而是因为穿原牛确实很有意思，你能把它们穿出独有的样式风格。

一旦你被原牛世界的魅力所吸引，就会意识到，别人怎样看待你的外表和穿着已不再是个问题，最重要的是你自己内心的真实感受。经过数月乃至数年的穿着与洗护，你见证了牛仔裤怎样一步一步褪色直至变成现在的样子，并且开始对它产生了某种依恋情结。它能唤醒你的一些记忆，它成了故事的一部分。从某种意义上说，你买到的不只是原色牛仔服装，还有它带来的种种变化。

尽管这种变化并不总能如人所愿，就像牛仔时装品牌 Benzak Denim Developers 的莱纳特·尼赫（Lennaert Nijgh）所回忆的那样："这条 Evisu 的牛仔裤我当时穿了三个月，然后打定主意给它来一次'魔力清洗大变身'。我记得自己当时兴奋异常地坐在洗衣机前，看着里面的水慢慢变成深蓝色。洗衣机一停，我就迫不及待地把它掏了出来，里里外外翻来覆去看了半天，也没看出有什么变化，颜色还是一样很深，也没找到一片片斑驳掉色的痕迹，跟洗之前一样。"他以为裤子干了以后斑驳的色落就会显现出来，但第二天早上，他发现唯一的变化就是皮标缩水变小了一点，并且上面的艺术图案都不见了。"经此一事，我算彻底弄明白了，牛仔裤并不会因为洗那么一两次就神

选建议，既简单明了，又通俗易懂。既消除了人们对购买原色牛仔裤的种种顾虑，又能吸引更多普通消费者参与其中，让人更容易理解其中的基本原理。不过，这种过于简化的解决方案依然存在某些方面的问题，并非放之四海而皆准。

一些人可能会说，不洗牛仔裤才是"最地道的穿法"，这无疑是将事实过于浪漫化。尽管 19 世纪末的那些矿工和工人们不会像今天的许多人一样频繁清洗牛仔裤，但总的来说，你得考虑到他们在那个时代的个人卫生条件与今天相比有很大的差距。这些西部拓荒者们没有条件隔三岔五地清洗牛仔裤等衣物。当然，话虽如此，假如你不需要穿着牛仔裤从事繁重的脏活累活，那也没必要刚穿几天就洗，因为这样不仅会洗掉裤子上的颜色，还会造成不必要的水资源浪费。在"从来都不穿"和"穿上就不洗"之间找到平衡，你会把原色牛仔裤穿出最原汁原味的美。

当然，推迟清洗牛仔裤这个办法只有在穿着原色牛仔服装的情况下才有意义。如果刚购买到手的牛仔裤已经是洗过褪色的样子，就说明它已经在工厂里事先经过了做旧处理。除此之外，"半年不洗"这一规则以获得高对比度的色落效果为前提。说得含蓄一点，假设你愿意牺牲一些牛仔裤的预期寿命来换取这样的色落效果，那么尽可以遵循此建议。长时间穿着未经水洗处理的原色牛仔裤而不清洗，会比定期清洗的牛仔裤磨损得更快。上过浆的牛仔面料质地硬挺，会在大腿及膝盖周围的部位出现折痕，由于这些折痕比其他部位更容易磨损，高对比度的色落效果会因此产生，因为磨损更多，于是褪色更快。这与织物面料的纺织方式关系不大。Indigofera 公司的马茨·安德森说："未经水洗的牛仔裤出现破裂的现象，主要是由纱线中残留的淀粉物质所导致的，而上浆则是为了在纺织过程中保持面料的稳定性。"

奇地出现高对比度的色落效果。你还得把它穿得破破旧旧的，可劲儿穿，让它变成你日常生活的一部分，直到拥有最佳的色落效果。要耐得住性子，这一点很关键。后来我好像再也没穿过那条 Evisu 的牛仔裤，但仍然把它存放在工作室里，就算是一个闹心又美好的回忆吧。"

洗，还是不洗，这是个问题

如果说 Evisu 品牌是日本进口美国织布机这一坊间神话的来源，那么 Nudie Jeans 应该是将"半年不洗牛仔裤"这一秘笈推向商业化的第一个品牌，它已经成为许多人的首

"这就是未经水洗的织物面料会出现破裂的原因，不管它是不是织边牛仔。"他补充道。其实解决办法也很简单：第一次穿原色牛仔裤之前先把它放在水里泡一泡，然后在日常穿着中不时清洗一下即可。

多久洗一次牛仔裤，取决于你自己。Self Edge NY 的品牌合作伙伴安德鲁·陈表示："通常我不会建议顾客应该怎样或者必须怎样处理他们的牛仔裤，但是，如果有顾客问我的意见或我个人的习惯，"他补充道，"我会告诉他我每天都穿牛仔裤，但一两个月洗一次。"如果牛仔裤已经有异味，你又想推迟清洗，可以在阳光下晾晒，去除异味，也可以单独清洗脏污的部分。当你决定彻底清洗牛仔裤的时候，把它翻过来洗，这样能防止出现不必要的垂

直条纹，并且，还要尽量避免滚筒烘干。

而不洗牛仔裤的问题在于，穿破的速度会更快，安德鲁·陈对此已经见怪不怪了。"牛仔裤修补业务能让你有机会接触到各种各样穿烂的牛仔裤，然后你很快就会发现，裤子上沉积的细菌与污垢会随着时间的推移给棉纤维带来很大的损害。"他指出，虽然紧身版型和穿着频率也会影响到牛仔裤破损的速度，但若是不洗，破得会更快。

打破牛仔裤清洗建议的混沌神话

虽然洗与不洗牛仔裤纯属个人喜好问题，但有一些洗涤建议也着实荒谬透顶。有些人会建议你把牛仔裤放在冰箱里冷冻，杀死那些会让牛仔裤发臭的细菌微生物。但微生物冷冻专家斯蒂芬·克雷格·卡里（Stephen Craig Cary）对此表示，这种方法其实毫无裨益，该建议建立在错误的观念之上，即冷冻能杀死人体温度下滋生的细菌，这些细菌会在未经洗涤的牛仔裤上堆积的脱落皮屑与灰尘中生长。但还有很多细菌，即便是在极低的温度环境下依然能存活。卡里说："只要有一个幸存的细菌，它就能在你的牛仔裤恢复常温后重新繁殖。"美国国家人类基因组研究所（National Human Genome Research Institute）的朱莉·塞格雷（Julie Segre）对此持赞同态度。导致牛仔裤发臭的是这些细菌和微生物，而不是牛仔裤面料本身。她说："保持清洁，去除污垢与脱落皮屑比杀灭任何细菌都重要。"最重要的是，实际上，冷冻牛仔裤非但不能去除异味，更不能让牛仔裤神奇地变干净。因此，你还是得用肥皂和水。

另一个关于牛仔裤清洗的坊间神话就是把牛仔裤泡在海水里洗，这是 A.P.C. 品牌最早的时候玩的一个噱头。如果真想试试这种方法，那么在海水里泡过以后，还得用传统的洗涤方法再清洗一遍。Self Edge 品牌创始人基亚·巴布扎尼说："对我来说，用海水洗牛仔裤根本就没多大意义。"这位原色牛仔服装行家解释道："实际上，这种做法并不能真正把牛仔裤洗干净，并且，织物面料纤维上最后还会沉积更多的污垢和硬水。由于海水中矿物质含量高，并且海水本身也有异味，在海水里泡过的牛仔裤还需要用洗衣机再次清洗，才能实现真正的清洁。"

另一方面，至少 Indigofera 公司的马茨·安德森认为，给牛仔裤"洗海澡"是个好点子，能让牛仔裤焕发新生。通常，他无论去哪里都会带一条没洗过的牛仔裤去海里浸泡。"我在夏威夷、地中海、澳大利亚等地都这样干过，我记得好像还不止这几个地方。"在海里泡一泡，可以洗去面料中的一部分淀粉残留，延长服装的使用寿命。"我个人的观点是：你尽可以对自己的牛仔裤为所欲为，洗，还是不洗，泡，或者不泡，完全取决于你希望它最终看上去是什么样子。"对许多牛仔爱好者来说，洗牛仔裤，不仅是清洁行为，更是一种仪式。

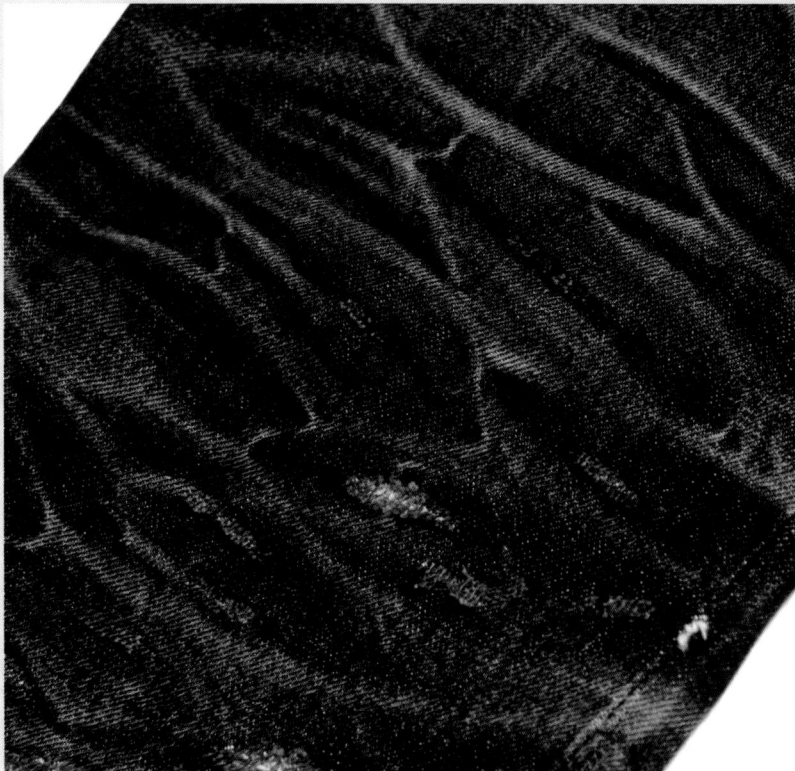

↑ 牛仔爱好者们梦寐以求的"蜂窝"色落样式，它们通常出现在牛仔裤膝盖后面的部位。

关于牛仔裤日常洗涤的讨论怎样改变人们的消费习惯与牛仔服装产业的生产经营

最开始只是关于如何让原色牛仔裤获得真实的高对比色落效果的一些相关建议，但如今它们早已发展成涉及消费习惯乃至可持续生产经营的相关议题。

尽管有一小部分牛仔裤消费者不仅会质疑如何清洁牛仔裤的问题，而且对牛仔服装生产制造业对人与环境造成的影响有所关注，但大多数普通消费者通常都不太会考虑此类问题。他们之所以不闻不问，是因为的确对这些东西兴趣寥寥。与此同时，那些从事服装生产经营的大型公司其实并不希望人们过多谈论从根本上质疑资本主义社会消费基础的这类议题，因为它意味着销售额下降的可能性，也就是利润降低。而以利润为导向的公司又必须谋求自身的生存发展，否则，谈什么都没有意义。资本主义一直是人类一些伟大发明背后的重要推动力，这种经济体系的弊端是它助长了对共同利益与公共利益的漠视。同时，似乎也鲜有消费者会对减少消费感兴趣。

我们很多人都生活在一个极度富足的世界，我们要意识到自己身上的责任。但由于日常消费的大多数产品的生产制造都在远离我们生活的地方，因此我们很难立刻直观地感受到我们的每一次消费选择所产生的影响。牛仔服装产业很可能会演变成一场重大的环境危机，然而，在我们的牛仔服装消费方式造成的影响足以引起广泛的媒体关注之前，普通消费者或许根本不会质疑自己身上的牛仔裤是怎样生产、在哪里制作的。而关于如何清洗牛仔裤的讨论，则是推动议题进程的第一步。■

万水千山，我自独行
GO YOUR OWN WAY

Nudie Jeans 是诞生于地广人稀的极北之境的一家世界顶级高端牛仔时装品牌，它是哥德堡产业精神的完美结晶与象征，也是对自力更生、丰衣足食的人生态度最为深刻的诠释与演绎。沃尔沃老爷车、回收材料地毯与突破传统的牛仔时尚之间究竟有何关联？

玛丽亚·埃里克森（Maria Erixon）认为，她在 2001 年与合伙人共同创立的这个牛仔时装品牌 Nudie Jeans 应属于当地特产。"在瑞典，我们最拿手的设计就是深色、简约的牛仔裤，因为它们很适合在阴沉昏暗的寒冬时节穿着。"她说。而她的商业伙伴约阿基姆·莱文（Joakim Levin）认为，其实范围还可以再进一步缩小到哥德堡，这是一座工业城市，Nudie 品牌就在这里诞生。

"从一方面来看，居住于此对我们而言其实是一种负担，因为媒体无时无刻不在密切关注着斯德哥尔摩的一举一动，其他所有事情——音乐、时尚——或多或少都在那儿，"他说，"但从其他方面来看，这对我们而言也有积极意义，因为这里的生活节奏更慢，人们根本不在乎斯德哥尔摩人关心的那些事情。如此一来，你就可以更专注于自己所做的事情本身，而不是这些事情的所谓形象——这里没什么可施展拳脚的舞台。"

事实上，Nudie Jeans 品牌在哥德堡横空出世更多是出于偶然，而非步步为营的精心谋划。埃里克森从小在韦特兰达（Vetlanda）长大，用她自己的话说，那就是个"偏远小镇"，之后她搬到哥德堡，在当地一家艺术类学校就读，学习平面设计。后来，她进入瑞典牛仔时装零售经销商 JC 公司工作，该公司成立于 1976 年，Crocker 牛仔裤便是 JC 公司销售的品牌之一。当时在瑞典，本土牛仔服装市场正蓬勃发展，呈现出一派繁荣景象。实际上，对于那些认为美国或日本才是牛仔文化唯一发源地的人来说，瑞典人对蓝色牛仔面料的热爱程度并不亚于美日，甚至可以追溯至 1966 年，比 Denim Demon、Pace、Cheap Monday 和 Acne 等瑞典品牌出现得还要早。

也就是在那个时期，拉尔斯·克努特森（Lars Knutsson）和他的妻子玛丽亚·克努特森（Maria Knutsson）创立了 Gul & Blå 品牌，它的问世在苦于买不到 Levi's 或 Lee 牛仔裤的年轻消费群体中掀起了爆炸式的牛仔裤热潮，当时这两大品牌的牛仔裤在美国以外的其他地区不太常见。他们在斯德哥尔摩开设的首家门店有时一天最多能卖出 1000 条牛仔裤——尤其是该品牌标志性的阔腿"V 型牛仔裤"。该公司还在做旧水洗工艺开发及其他一些创新技术等方面遥遥领先。或许是因为瑞典人从来没有用牛仔面料做工作服的传统，他们始终将其视为潮流服饰。

然而，埃里克森对此却有着不同的见解——她认为牛仔面料就是一种她所了解的永恒的面料。"时尚圈永远都在追求新鲜事物，但所有东西都会过气，最后被弃若敝屣，无论是模特还是服装，"她说，"我发觉在传统时尚中普遍存在一种性别歧视的气息，总体而言，它其实限制了人们的生活方式。而牛仔服装不一样，它包容所有性别与年龄。"这就是她对牛仔服装最感兴趣的地方。事实上，埃里克森很快便深入了解并积累了丰富的相关专业知识。随后，她被猎头公司相中，被挖到 Lee 公司担任欧洲设计经理，为此她不得不搬到布鲁塞尔。由于她始终渴望建立自己的产品线，于是她提早两周递交了辞呈，后在 Lee 公司担任品牌顾问一职。最后她又辗转回到哥德堡工作，而她当时的办公室只有一个房间。她与莱文一道注册了"Nudie Jeans"这个品牌名称——可能是他们都忘了，或者可能是他们不想提及这个品牌名称是怎么来的——然后便开始设计制作原始样板，生产了 2000 条牛仔裤，把它们全堆在莱文父亲那台破旧的沃尔沃老爷车的后备箱，之后一路风风火火直奔哥本哈根国际时装博览会。尽管（或者正是因为）这些牛仔裤的售价高于当时市面上大多数产品，这倒也符合埃里克森本人的"一分钱，一分货"的经营理念，但它们依然在展会上引发了人们浓厚的兴趣与热烈的反响，以至于他们俩都确信自己必须全情投入到 Nudie Jeans 事业中。

"Nudie Jeans 品牌的创立完全源自曾受过的挫折打击与始终不灭的满腔激情，"埃里克森回忆道，"在一次贸易展会上，我发现了 Kaihara 品牌生产的织边牛仔面料，我一下就爱上了它，然而当时在我的合作品牌看来，这种面料实在过于独特。这是其一，加之我们也希望自己的创意工作尽可能独立自主，不受市场需求的干扰。如此种种，最终促成了公司的诞生。"

事实上，除了引领大众消费市场的时尚潮流，Nudie Jeans 也是率先尝试说服消费者尽可能推迟清洗干牛仔裤的品牌之一。并且，它还是最早采用更全面的牛仔面料生产方法、对产品供应链的工资待遇与工作条件采取道德立场，并且转向选用更环保的有机牛仔面料进行生产的公司之一。

到 2012 年，Nudie 牛仔裤便开始只采用有机牛仔面料生产牛仔裤。Nudie Jeans 品牌门店还推出了免费的到店修补服务，而不是诱导顾客

"总体而言，它其实限制了人们的生活方式。而牛仔服装不一样，它包容所有性别与年龄。"

TRADITIONAL FASHION IS SEXIST AND LIMITING OF LIFE IN GENERAL. IN DENIM YOU INCLUDE ALL SEXES AND AGES.

← Nudie Jeans 品牌联合创始人玛丽亚·埃里克森。

再买条新的——这是以盈利为导向的企业最常用的伎俩。如果这些牛仔裤真有一天"寿终正寝"，Nudie 品牌也会倡导消费者将无法再穿的旧牛仔裤做成地毯或汽车座椅套等，以实现资源的回收再利用。

那么，既然这家公司的产品以如此迅猛之势迈向国际舞台，为什么这家公司还选择继续留在哥德堡呢？即便把公司搬到瑞典首都也是顺理成章的事情。"Nudie 从一开始就是一个自力更生的项目，我们需要各种人脉资源的扶持帮它赢得成功，所以留在哥德堡很合乎逻辑。我们后来搬到了斯德哥尔摩，也同样合情合理——我真的不知道我们为什么没有早点这样做，"莱文笑着说，"对我们来说，这从来都不成问题。事实上，它对我们的设计起到了非常积极的影响——哥德堡是个脏兮兮、灰扑扑的地方，也是个脚踏实地的地方，这也是 Nudie Jeans 带给我们的观感，一种粗砺之美，两者相得益彰。" ∎

色落博物馆长
CURATOR OF FADES

假如你对狂热的牛仔迷鲁埃迪·卡勒其人其事一无所知，那么你一定会觉得"牛仔裤博物馆"这种事物在瑞士阿尔卑斯山这样的地方会略显古怪、格格不入。卡勒拥有12000件牛仔服装藏品，他对牛仔裤一生的痴迷热爱足以令他成为全世界第一位名副其实的靛蓝牛仔博物馆长。

鲁埃迪·卡勒第一次看到牛仔裤时，简直如获至宝，好似上天的恩赐。卡勒从小家境贫寒，家里有12口人，住在瑞士一个总人口只有40人的偏远小村庄。他在十几岁的时候收到过一个爱心捐赠的衣物包裹，里面是两条牛仔裤。"从那一刻起，牛仔裤就变成了我最狂热的崇拜对象，"他说，"我把自己内心的叛逆不羁都寄托在了牛仔裤上。身处全世界最后才听说什么是'披头士'、什么是留长发的穷乡僻壤，牛仔裤对我来说就是自由的象征。之后，我开始疯狂地搜集各式各样穿着牛仔裤的人物形象照片，并且把它们全都剪下来收藏——在我开始收藏真正的牛仔裤之前。我的这种痴迷近乎达到了恋物的程度。"

这在当时可不容易。在20世纪60年代，至少在卡勒居住的地方，牛仔裤仍然与反社会行为密切相关。"我父亲一辈子都没碰过牛仔裤。"他满脸严肃地说道。即便是现在，穿牛仔裤也并非那么容易——他平常爱去散步滑雪的山区地带气候异常寒冷。那该怎么解决呢？"那就穿两条牛仔裤呗，"他说，"一条当秋裤穿在里面——我知道这有点疯，因为其实完全可以穿防寒功能更强的保暖内衣。"到了夏季，如果天气够暖和，他就会穿短裤——当然也是牛仔短裤。曾几何时，连他的瑞士人身份似乎都成了障碍。卡勒指出，虽然邻国意大利以及其他一些国家都有牛仔服装生产制造的传统，或者有着由驻扎在它们本国国土上的美军建立的牛仔服装文化，但瑞士不同，无论在外交上还是牛仔服装上都保持着中立的立场。

然而，卡勒最终还是克服了所有障碍。他现在的牛仔服装藏品已有大约12000件，包括牛仔裤和牛仔夹克，并且，藏品数量还在不断增加。如今他最渴望的就是开设一座真正的牛仔服装博物馆。与此同时，牛仔爱好者们也可以预约前往，参观他堆了满满一屋子的各式牛仔裤，但他强调，与鉴赏行家们的精选典藏有所不同，他搜集的这些牛仔裤，高端品牌产品和普通产品兼而有之。事实上，他一直以来最喜欢的一条牛仔

裤并不是那些看起来晦涩难懂的日本品牌，而是G-Star品牌的美版Lumber款［他指出是"左斜纹"（left-hand twill）款，产于1988年］。驱使卡勒不断收藏牛仔裤的最大动力是他对牛仔裤色落样式的痴迷热爱。牛仔裤是一场色彩与花纹的盛宴，他说："我就是很迷恋这种靛蓝色调——牛仔裤慢慢蜕变的方式以及它们最后呈现的样子。"他将自己最心仪的款式挂在墙上，它们就像艺术品一样。

因此，也难怪本职是地理学家的卡勒会被视为原色牛仔服装的倡导者——可能有些人会说"拥护者"——倡导一开始就穿原牛，并且永远不洗。他解释说，洗牛仔裤就是"冒着失去裤子原有色调的风险——许多牛仔裤哪怕只有一点点

褪色都会变得像宝蓝色，不再拥有那种极其饱满深邃的色泽，并且也失去了原有的反映个人生活方式的作用"。这也是他倾向于穿宽松型牛仔裤的一个原因——可以最大限度地减少皮肤与面料之间的接触摩擦。"当然，裤子也会少一些汗津津的黏腻感，"他承认，"当我发现人们开始躲着我走的时候，我就不再把它穿去办公室，而留着户外活动时穿。我很纳闷，在泰国和印尼这种气候异常潮湿闷热的地方，人们是怎么做到不洗牛仔裤的——恐怕跟他们说话都得戴上防毒面具。"

的确，又有几个人会用他们能将多少条原色牛仔裤穿到不能再穿这样的事情来衡量自己的人生呢？他说："我估计我后半辈子最多还能穿破10到15条原色牛仔裤，20条估计悬了。随着年纪一天天增长，行动也逐渐变得迟缓，可能根本等不到它们磨损褪色。对我来说，实在是进退两难。所有这些牛仔爱好者们都有太多穿不完的牛仔裤。" ∎

↑ 鲁埃迪·卡勒穿着"全天候牛仔裤"（all-weather denim）在阿尔卑斯山探险。

牛仔裤修补
REPAIRING DENIM

世上没有什么东西是永恒不变的，即使是最强韧结实的牛仔裤也不例外，这就是现实，很残酷。几十年来，牛仔服装产业持续出售的这些牛仔裤，在出厂时就已经有了各种破洞和修补痕迹。如今，随着传统时装范式的转变，许多人开始尝试自行修补他们穿破的原色牛仔裤。

正如美酒越陈越香，牛仔服装也越穿越美，没有哪种人造服装面料在褪色后能比原牛赢得更多的珍视与喜爱，并且，也没有哪种牛仔服装比原牛更容易褪色。随着日常穿着，原色牛仔服装与穿着者之间逐渐建立起一种独特的纽带关系。这就是为什么牛仔爱好者们会选择修补穿破的原色牛仔裤，而不是把它们扔进垃圾箱。对于牛仔潮流品牌 Self Edge NY 的安德鲁·陈来说，修补服装能让穿着者与服装建立起更为深层次的联系。"我想知道这些机器设备的工作原理，所以我通过自学弄明白了如何操作使用，"他回忆道，"即便不亲手缝补牛仔裤，时不时让机器把手弄脏也算趣事一桩。我常跟人说，如果我愿意亲手修补一条已经穿破的 3sixteen 牛仔裤，并且这条裤子在这些年里始终任劳任怨，把我服务得很周到，那就说明通过缝补能让我更深刻地感受到与我们生产的这件产品之间更紧密的关联。"经过修补，这条牛仔裤便是世间绝无仅有的。

如果按照别人所提的建议，牛仔裤要穿得更久、穿得更勤，而且还不清洗，那么最终留下的只会是一条破旧不堪的牛仔裤。上过浆的原色牛仔裤质地相对更硬挺，如果不时常清洗，那么最惨不忍睹的一个后果就是裤裆撕裂。牛仔面料破损到一定程度，就可能让你在公共场合众目睽睽之下尴尬走光。即便洗过的原色牛仔裤，往往也难以避免这一点。无论如何，你必须做出抉择，是让它光荣退休，还是继续缝缝补补。

几种不同的牛仔裤修补方法

通常情况下，经纱会最先断裂，这是由斜纹面料本身的织造方式所决定的。经纱承受了一条牛仔裤所受到的大部分冲击力，从某种程度上说，原因还在于牛仔裤在穿着过程中，经纱更常被拉扯。这种情况在膝盖周围表现得尤其明显，裆部附近的程度稍轻一些。

不管这样的状况为何发生、如何发生，都有一些弥补办法，比如织补、缝合、熨烫贴片，甚至还可以使用面料胶，但我们不建议使用最后一种方法。

一些牛仔爱好者甚至将牛仔裤修补这件事提升到了一个全新的高度，将其变为一种近乎艺术的形式。一些手工缝补技术，如日本古老的"刺子绣"（sashiko stitching），能将牛仔裤原本早已失去魅力的撕裂破损缺陷转变为巧夺天工的精美艺术。Kapital 一类的日本牛仔品牌甚至围绕这种缝补技艺建立起了一整套视觉识别体系。

Indigo Proof 公司的泰勒·马登（Tyler Madden）说："机器织补与一些历史悠久的深奥的传统修复技艺，如日本刺子绣，形成了强烈的对比，后者不可避免地会留下所谓的'明显的修饰痕迹'。"机器织补由传统手工缝补技艺演变而来，它的诞生源自 19 世纪人们对利用机器设备提高工作效率的狂热追求，因为在此之前这些工作只能通过手工完成。Indigo Proof 品牌倡导一种同样切实有效的服装修补理念："虽然我不敢打包票说一些工艺精湛的织补一定会'不着一丝痕迹'，但我想表达的是，它能更协调地融入服装现有的纹样。"马登说。其目的是让这种修补成为牛仔裤的内在组成部分，而非对破损处进行明显的外在装点修饰。

尽管如此，我们依然会想要自己动手尝试修补牛仔裤，当然，这种待遇独属于原色牛仔服装。

修补牛仔裤的原因

当你连续好几个月甚至好几年一直重复穿同一条牛仔裤时，你便与这条牛仔裤建立起一种特殊的关系，并且再也不愿与它分开。通过修补，牛仔裤本身也会更显与众不同的风格，宛如一道承载着岁月记忆的伤痕。对很多人来说，修补自己穿破的牛仔裤不但能为牛仔裤增添个性特色，也是对"慢时尚"运动表达支持态度的一种方式。这是一种人生哲学，它在许多复古牛仔追随者的时尚观念中留下了根深蒂固的印记。像 Nudie Jeans 这样的品牌如今已经将推广牛仔裤修补纳入其品牌核心理念的基本组成部分。从这个意义上说，修补牛仔裤体现的是对一次性"快时尚"的一种鲜明的反对立场，而这种用后即弃的态度已经演变为时尚界，尤其是快销时尚界的常态。

假如你穿同一条牛仔裤已经有很长一段时间，比如说

➡ 上图：即便最结实的牛仔裤也无法拥有"不灭金身"，假如穿破了，可以通过修补来为其增添一些个性特色。

下图：高对比度的色落的代价是牛仔裤更容易破损撕裂，好在还可以修补。

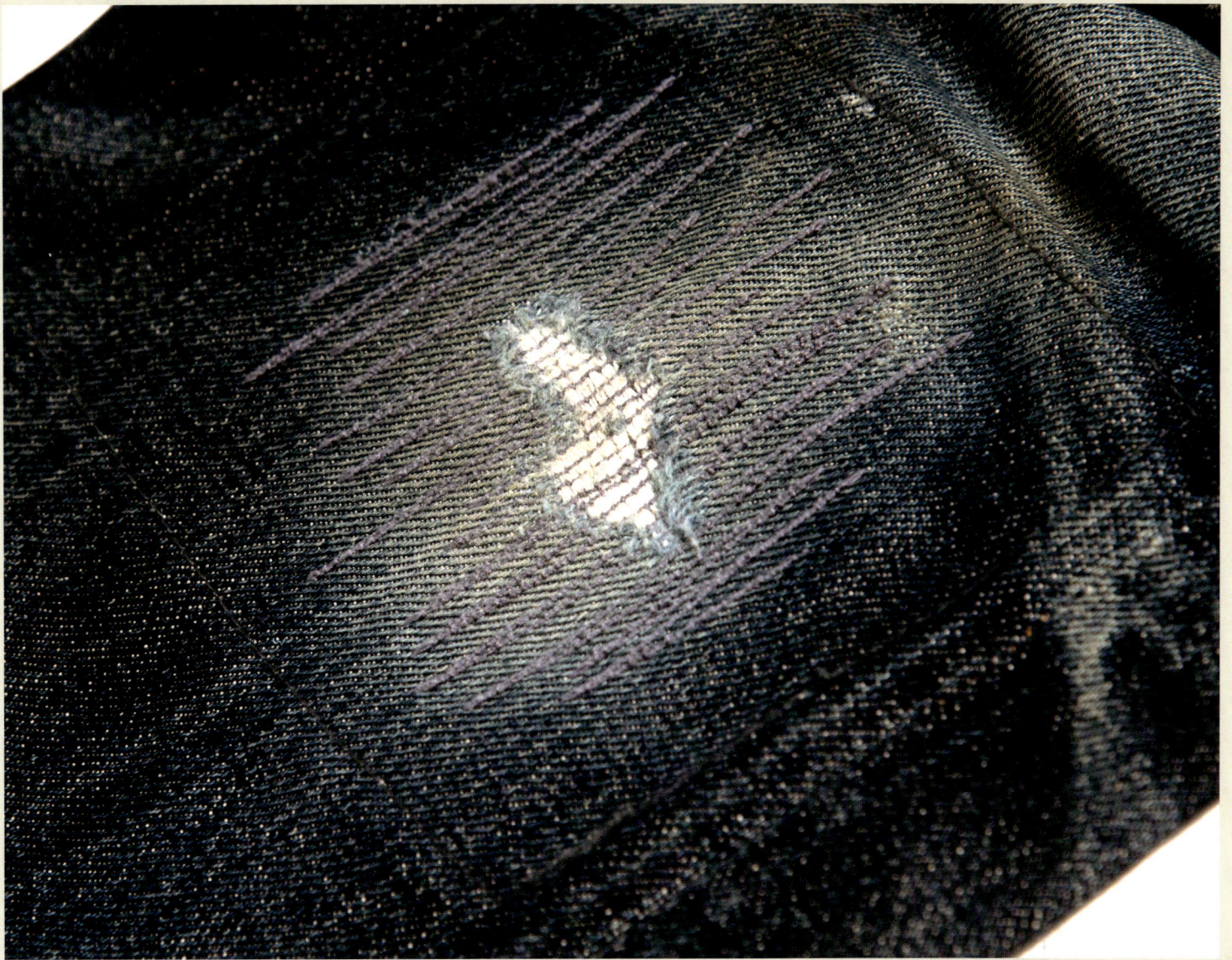

三年，那么它的修补成本很可能会超出最初的购买价格。马登说："这会让一些将牛仔裤修补视为一种节俭方式与省钱机会的消费者感到焦虑不安。"与其他许多牛仔爱好者一样，马登也认为修补是一种减少消费的办法。通过修补从而延长某件特定服装的预期使用寿命，从本质上说，意味着你将延期使用你的牛仔裤预算，因为你开始期待自己购买的牛仔裤更结实、耐用，穿得更久，至少高昂的价格更多是取决于卓越的材质和精良的做工。

我们对自身消费行为模式的认识也会因此变得越来越清晰，并且通常情况下我们也会尽力减少消费。于是，我们不再轻易丢弃那些原本可以继续使用的东西。从人类开始穿上衣服起，当服装出现撕裂破损时，缝缝补补又一年便一直是我们的一种生活常态。然而，随着消费主义"用完即弃"的发展以及时尚周期的加速，情况开始发生变化。

随着 20 世纪 50 年代的经济腾飞、一片繁荣，事态也随之逐渐升级，消费主义与物质主义日渐成为人们表达自我身份与地位的主要方式。他们不再考虑衣服的功能性和耐用性，转而将服装的外观及其传达的价值理念作为首要购买标准。随着时尚消费的步伐进一步加快，消费者也开始寻求价格更便宜的服装，哪怕以牺牲耐用性为代价。毕竟，这种服装不管怎样都会很快过时。尽管这样的消费主义泛滥之风早已盛行很长一段时间，但鲜有人思考这种形式的生产与浪费将引致怎样的后果。第一次石油危机在人们的耳畔敲响了警钟，政治家与环保主义者开始质疑这种消费主义大行其道现象背后的逻辑。即便如此，自由市场的无形之手几十年来几乎牢牢掌控着任何一个资本主义社会，继 21 世纪第一个十年末全球经济走向衰退后，世纪之交前后一段时期的经济现实最终带来了消费行为模式的转变。简而言之，产品质量开始变得比产品消费数量更重要。而修补牛仔裤也因而成为一个具有探讨价值的议题。

牛仔服装修补如何体现传统时尚

除了消费行为模式和牛仔服装潮流趋势之外，我们倾向于修补，主要是因为这是牛仔服装语言的一部分，是牛仔裤设计理念的象征之一。

而西装则完全是另一派光景，与牛仔服装不同，通常情况下，西装应该时刻看起来都像崭新的一样，这就是为什么我们需要时常干洗熨烫：保持外观光鲜亮丽。古着西装上有一点点污垢无伤大雅，但撕裂破损与修补痕迹是不被允许的。一套破旧的西装在通常情况下无法体现权威性与专业性，并且它也未构成西装语言的一部分。

许多人对汽车也有相同的感受——新车永远最美，第一道凹痕的出现也会让人心痛不已。随着磨损日复一日逐渐增多，我们也开始对这辆车越来越厌弃。相反，即便是在一些准正式场合，穿着有修补痕迹的牛仔裤通常也是完全可以接受的。

个中原因在于牛仔裤因其结实耐磨的特性而受到普遍认可和广泛青睐，这也是牛仔服装魅力的一个组成部分。牛仔裤设计的初衷就是为了穿破和撕裂，我们已经接受了这样的事实，甚至开始欣赏这种撕裂与磨损所产生的美感。牛仔是美丽可爱的，因为它对你的外表作出了积极的贡献，但也不需要思虑太多。矛盾的是，随着时间的推移，粗枝大叶的日常穿着习惯往往会让牛仔裤变得更加光彩夺目。马登发现，牛仔裤对那些始终渴望"做自己"的群体极具吸引力。这听起来可能过于简单，甚至让人觉得有些尴尬，但这恰恰是牛仔裤之所以如此特别的一部分原因。

从本质上说，修补是可取的、有必要的，当然，也是应当尽力避免的。换言之，服装修补对穿着者和其他人都会产生正面、中性或负面的影响。但在牛仔服装上，这些影响大多是正面的。∎

➡ 牛仔服装修补通常分为两大类：一类是"协调融入内在"，另一类是"外在装点修饰"，即采用与服装本身形成鲜明对比的补丁或采用诸如日本"刺子绣"等技法进行缝补。

伟大的信仰，壮观的色落
GREAT FAITH AND GREAT FADES

凭借一种执着于信仰的勇往直前，外加一点点时来运转，初出茅庐的牛仔时装品牌 3sixteen 成功地将自己后起之秀的身份转化为一种优势，向其他初次接触原色牛仔的人推广自己的产品。该品牌专注于现代基本款型设计，是一家建立在以诚信与回馈为发展愿景的基础上的公司——且理由充分。

← 3sixteen 品牌创始人约翰·林、安德鲁·陈。

> "我不确定做个基督徒是不是真的很酷，并且，这些牛仔裤也无关信仰。"
> I'M NOT SURE IT'S EVER BEEN COOL TO BE A CHRISTIAN, AND THESE ARE NOT FAITH-BASED JEANS.

3sixteen 品牌联合创始人安德鲁·陈与约翰·林（Johan Lam）笑着说："我不确定做个基督徒是不是真的很酷，并且，这些牛仔裤也无关信仰。但事实是，我们俩确实都是基督徒，这也决定了我们在各个方面的经营原则：诚信与回馈。"事实上，一些始终将牛仔裤与它某些不堪回首的前尘往事联系在一起的人——从摇滚乐队到摩托车帮派——可能会惊讶地发现，牛仔潮流品牌 3sixteen 的名字竟然源自《圣经》："神爱世人，甚至将他的独生子赐给他们……"（《约翰福音》3：16）

或许，陈与林永远不会向顾客承诺他们出售的牛仔裤能拥有恒久的寿命。但为了确保产品质量稳定提升，他们选择了一条最难走的路——由于没有服装生产制作与时尚从业经验，一切从零开始。其实，陈在 2003 年创办这家公司以前从

事的职业是 IT 顾问。公司最早的服装产品是主打街头时尚风格的潮流印花 T 恤，后来逐渐形成一个完整的男装系列。然而，直到牛仔裤这位新成员加入该系列，产品销量才开始有所起色。他俩恍然大悟，或许这才是关键：毕竟，两人以后再也不会为每一季该上架什么新款而头疼了。

"牛仔产品从一开始就给我们带来了丰厚的市场收益，"林回忆道，"我们得到了 Self Edge（美国最受欢迎的牛仔服装行家之一）的大力支持与提携，这极大地提升了我们品牌的可信度，所有人都看到了它，它与那些备受推崇的日本牛仔品牌一道接受人们的驻足欣赏与品评。我认为，置身于这一类高端牛仔品牌之中，对我们的时尚鉴赏力也是一个很好的锻炼机会，能让我们一眼辨认出那些摆脱了平庸束缚、成就伟大精彩的牛仔服装最微妙的细节设计。"陈对此表示赞同：

"你必须尽快学会看针数，以及牛仔裤的构造方式等，这样才有可能让你的产品脱颖而出——因为刚开始确实很难拿捏尺度，往往只要这牛仔裤长了两条腿儿，并且是蓝色的，你可能就很满足了。"林补充道："我们很幸运，遇到了一位产品经理，他能很好地理解我们的想法，把设计草图变成真正的服装。我不知道（在这一行）初生牛犊不怕虎是否代表了某种优势。但我们得到了机会，并且牢牢抓住了它。"

作为牛仔服装产业的后起之秀，陈和林也很精明地把握住一切时机，向那些不甚了解原色牛仔服装的入门新手们推广自己的牛仔裤，这一点与大多数原色牛仔服装品牌常用的营销策略有所不同。

长期的门店销售工作经验教会了他们，原色牛仔产品本身固有的僵硬质感往往会让顾客望而

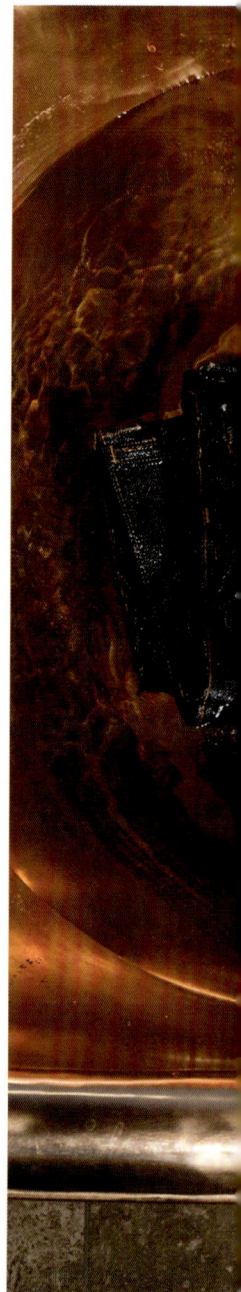

却步。针对这种情况，他们与日本 Kuroki 纺织厂合作，开发出一种底布具有拉绒手感的牛仔面料，这种面料的优点在于它能更迅速地变柔软，并且不会失去原有的粗砺质感与坚实韧性。与此同时，3sixteen 牛仔裤的生产工艺与外观样式帮助他们跨越了矗立于两个世界之间的壁垒：旧金山的制造业历史与纽约的东海岸现代主义。

陈说："当然，我们没有太多传统风格样式，主打当代款式设计，除了保留标志性的后口袋之外，会尽可能摒弃冗余细节。这一点貌似也很重要，因为它能让新一代的男性牛仔发烧友更多地接触并了解原色牛仔时装。" ■

如何穿搭牛仔裤

HOW TO STYLE AND WEAR YOUR JEANS

无论你对时尚二字持何种态度，了解一些不同牛仔服装风格的基本常识，能让你在时装潮流的席卷之下更加游刃有余。掌握各种不同风格的牛仔款式原型，有助于确定一条牛仔裤的典型穿搭方式，还有更重要的一点：它传达了什么信息。

了解不同的牛仔风格所传达的信息是一件很重要的事情，因为周围的人会将你的着装方式作为一种非语言性指标来形成对你个人的看法。无论你想表现的是一种逍遥自在的生活态度，还是你所就职的公司具有怎样自由的氛围与开拓创新精神，问题的关键在于，你希望别人怎样看待你。在任何环境下，我们的穿着都无时无刻不在以一种含蓄的方式默默表达着我们的个人身份。了解自身发出的信号，有助于更深入地理别人对你的看法。自然，这也取决于对方能否意识到并分享你通过服装所诠释的这些信息，不过这已经超出了你个人能力的掌控范围。

我们选定的这 10 种牛仔服装原型风格主要基于以下四大特征：经典的原型人物形象、造型风格所传达的价值理念、最具代表性的牛仔款式，以及其他一些标志性服饰。

这些服装原型仅作为个人造型风格的参考指南，并非硬性规定，更无法针对怎样进行牛仔服装设计这一问题给出答案，切勿盲从。我们的根本目的在于帮助你更全面地了解自己个人的服装风格，为你提供一套有助于实现个人风格整体塑造的参考工具。至少，了解这些牛仔服装原型所参考的历史时代背景与基本原理，将有助于你更清醒地意识到其他人如何解读你的个人风格——无论他们是否能厘清某些服装与牛仔服装之间的不同关联。

蓝领工人风格
THE WORKER

以蓝领工人为原型的群体，是创造者与实干家的典型代表。他们的双手通常会因为辛苦劳作而显得有些脏——渴望与传统工匠精神重建联系，只为收获劳动成果而奋力打拼。在那个产业工人双手长满老茧、牛仔裤满是油污的时代记忆中，隐隐散发着一种顽强坚韧的浪漫气息。

经典代表人物	矿工、机械工、工厂工人、锅炉工、农民
个性信息传达	工人阶级、手艺精湛、吃苦耐劳
标志性牛仔服装	工装裤、设计有后腰调节束带（cinch back）的高腰阔腿牛仔裤（还配有男士吊带）
其他标志性服装	帆布或 2×1 斜纹布夹克、钱布雷（chambray，又称青年布）衬衫、亨利衫（Henley shirt，无领半开襟设计）、结实的工装靴

裤腿卷边
（CUFFING，或称翻边）

牛仔裤腿卷边最早流行的时间可以追溯至预缩工艺发明以前，那时商店里出售的所有牛仔裤都预先收缩至合适尺寸。由于牛仔裤最终缩水率可能高达 10%，在牧场里工作的牛仔汉子与各种厂矿工人通常会购买裤腿稍长一些的牛仔裤，卷（翻）起裤脚穿，直至调整至合适长度。并且，早期的许多牛仔服装品牌基本都只生产单一长度的牛仔裤，所以有些人不得不将裤脚卷起。

西部牛仔风格
THE COWBOY

在苍茫高天之下、无垠旷野之中挖掘狂野西部的浪漫神话，在开阔的牧场上自在生活，于风尘滚滚的平原享受孤独，与旷野篝火、袅袅炊烟相伴。生活虽艰，但只求个恣意快活。一顶牛仔帽、一匹骏马、一条蓝色牛仔裤即可——纵使历尽沧桑，仍旧顽强不倒。

经典代表人物	美国西部拓荒者、度假牧场主、竞技牛仔骑士
个性信息传达	美国梦、传统主义者、爱国者（美国本土）、亲美人士（其他国籍）
标志性牛仔服装	Lee Riders 系列和 Wrangler 品牌款式
其他标志性服装	牛仔夹克、牛仔衬衫、牛仔靴（必需品）、大号皮带扣夹腰带等西部牛仔造型必备单品

伐木工人风格
THE LUMBERJACK

你骨子里是个伐木工，穿行于都市的钢筋丛林与混凝土峡谷之间，心心念念地盼望打造梦中的小木屋。或许，此刻的你已经置身山野树林，双手挥动斧头和锯子砍树搭屋。无论如何，你信奉简单、真实与强悍。

经典代表人物	保罗·班扬（Paul Bunyan）和他的伙伴们
个性信息传达	阳刚之气、粗犷豪放、户外运动爱好者
标志性牛仔服装	经典五袋牛仔裤
其他标志性服装	法兰绒格纹衬衫、无檐针织帽（watch cap，又称水手冬帽）、结实厚重的伐木工装靴

叛逆狂徒风格
THE REBEL

特立独行，势不可挡。尽管你是一位叛逆不羁的个人主义者，但在你身上仍然能感受到传统的力量，以及 20 世纪 50 年代美国标志性的反主流文化风格。卷起裤腿，来根儿烟，让机车一路狂飙！狂飙！哥们儿！一路狂飙！

经典代表人物	詹姆斯·迪恩、马龙·白兰度、史蒂夫·麦奎因、玛丽莲·梦露、埃尔维斯·普雷斯利
个性信息传达	厚脸皮、内心永远年轻、拒绝墨守成规、"及时行乐，逍遥快活"、"活在当下，不求永生"（Live fast, die young，是一句口号，用来形容一种冒险、冲动和不顾后果的生活方式）
标志性牛仔服装	20 世纪 50 年代风格的 Levi's 501 牛仔裤或类似版型的高腰直筒五袋牛仔裤裤脚卷起宽翻边
其他标志性服装	白色紧身短袖 T 恤、机车皮夹克、工程师皮靴

嬉皮士风格
THE HIPPIE

自由精神只是开胃菜，和平、爱与理解才是永不褪色的理想。不与手工精制补丁修饰的蓝色牛仔裤为伍，你的造型遵循一种反企业式的 DIY 风格，它注重自我表达，真正热爱音乐、自然与性灵。

经典代表人物	约翰·列侬、鲍勃·马利
个性信息传达	爱与和平、和谐、自由精神、环保意识
标志性牛仔服装	洗得褪色的喇叭形牛仔裤，通常是紧身版型，有一些喇叭裤上的装饰细节是自己动手完成的，或饰有手工刺绣
其他标志性服装	流苏马甲、彩色发带、束腰外衣、凉鞋

摇滚乐队风格
THE ROCK 'N' ROLLER

把音量调大！再大点儿声！那不是咚咚的鼓点，那是你狂野的心跳声。吉他哀鸣着你的理想，你浑身上下充满原始的力量，牛仔裤是你对抗强权的铠甲，破洞与泪痕作证。

经典代表人物	雷蒙斯乐队（The Ramones）、科特·柯本、敲击乐队（The Strokes）
个性信息传达	无政府主义、反建制、愤怒原始的雄性力量、DIY
标志性牛仔服装	膝盖破洞的二手石洗 501 牛仔裤、21 世纪的黑色紧身牛仔裤
其他标志性服装	机车皮夹克、法兰绒衬衫、帆布运动鞋

嘻哈歌手风格
THE HIP-HOPPER

超强节奏、宽松牛仔裤——男人需要更广阔的活动空间，在都市文化中摸爬滚打，为功成名就全力拼搏。20 世纪 90 年代是你的音乐觉醒时刻，你企图挣脱古板老套的社会规则约束，张扬自我。

经典代表人物	20 世纪 90 年代的一众嘻哈歌手
个性信息传达	法外狂徒、敢闯敢干、金钱财富、功成名就
标志性牛仔服装	超大号宽松牛仔裤
其他标志性服装	超大号 T 恤、篮球鞋、大金链子、Timberland 短靴

极简主义风格
THE MINIMALIST

大道至简，不图外表浮华光鲜，但求品质卓越精良。无论做什么，无论拥有什么，它们都应当有意义、有价值。你追求卓越的品质与精湛的工艺，但同时又不拘泥于传统的束缚。它最适合在工作场合穿着，当然也是你日常生活的好伙伴。再来杯啤酒，更是相得益彰。

经典代表人物	斯堪的纳维亚都市年轻一族
个性信息传达	"雅创客"（yuccie，都市创意青年）、精明世故、极富创造力、超强的时尚敏锐度、对品质独到的鉴赏力
标志性牛仔服装	修身或紧身黑色牛仔裤
其他标志性服装	采用独家面料制成的单色修身上衣、意大利高端真皮运动鞋

随性老爹风格
THE DAD

随心随性，乃至上风格。永远保持一身舒适，拒绝
一味追赶潮流以至于影响工作。归根结底，你脑子里
不只装着衣服——无论是修身齐家，还是治国平天下。
这种老爹原型绝对正宗，倒不是因为借鉴了传统，而
是因为它本就是传统。

经典代表人物	史蒂夫·乔布斯、杰瑞·宋飞、贝拉克·奥巴马、《飞跃比佛利》原版剧集中的所有演员
个性信息传达	不太关心时尚（不要将这种老爹服装原型与日本人所谓的"老爹风潮"弄混淆，"老爹风潮"多指那些实际上非常关注潮流时尚的群体，尽管只是传统时尚）
标志性牛仔服装	Levi's 浅色石洗牛仔裤，轻便舒适的合身版型，即所谓的"老爹牛仔裤"
其他标志性服装	大号牛津布衬衫、运动鞋、运动夹克、高领／圆翻领套头衫

地中海风格
THE MEDITERRANEAN

人生苦短，何不及时行乐？以貌取人固然浅薄，但也没有理由压抑内心真情实感的表露。你关心时尚，永远以最佳状态示人，无论是在重要会议场合，还是戴着墨镜携女友一道飞抵度假海滩享受惬意休闲生活。

经典代表人物	南欧人
个性信息传达	略显浮夸张扬、成功人士、花俏喧闹的图案设计
标志性牛仔服装	设计师品牌的重度水洗牛仔裤
其他标志性服装	太阳镜、色彩鲜艳的衬衫、意大利皮鞋

我们的靛蓝传统

OUR INDIGO HERITAGE

　　牛仔裤通常指的是我们的传统复古款牛仔裤，尤其是采用原色牛仔面料制成的牛仔裤。但是，即便它们在外观上与真正的古着牛仔裤（vintage jean）有着天壤之别——如弹力牛仔裤，就在不大可能出现褶皱的位置设计了"猫须"折痕——但它们仍然属于我们所谓的复古款式细节的一部分。

　　牛仔裤最早是以工作服形式出现的一种服装，这意味着它们身上都承担着任务。它们在每个时代都发挥了自己的作用，主要任务就是生产与保护。但牛仔裤同时也具有一种表达意义，如今它们早已因其实际用途而具有了象征意义。这就是为什么它们能在工人阶级与青年文化之间架起一座桥梁——这种工人阶级服装的地位使得它们有可能被用作叛逆的象征。这也是它们在"二战"后向海外市场大举进军的原因——美国的战胜国地位赋予了这些胜利者们曾穿过的服装一种特殊的意义。事实上，它们是切实发挥过作用的服装（因此作为二手服装产品输入欧洲及日本市场），这也影响到了时尚界对它们的看法。

　　一方面，欧洲人穿破旧牛仔裤的经历引发了如今一些牛仔纯粹主义者所谓的"反牛仔裤"（anti-jeans）风潮——酸洗处理与设计师剪裁版型——因为他们试图模仿并改进旧货商店里出售的那些二手牛仔裤上的色落样式与破损撕裂痕迹。另一方面，同样的现象也为传统牛仔服装的复兴播下了种子，因为日本人一直企图寻找办法来重现当年以胜利者的姿态抵达日本海岸的那些二手牛仔裤原本的模样。幸得老天赏脸，他们干成了。今天，无论身处世界任何角落，我们都能共享这份靛蓝传统。

原色牛仔服装与
传统时装的内在联系
THE CONNECTION BETWEEN RAW DENIM AND HERITAGE FASHION

在一个"你穿什么就代表你是谁"的社会，一个人的衣着打扮会向全世界展示他/她的身份。牛仔时尚拒绝为"获得时尚外观"提供速效的解决方案，而是转向符合道德标准的高品质服装产品，它们的使用寿命不止一季，并且，牛仔潮流的引领者们也希望服装不仅真材实料，背后的故事更要真实可靠。

原色织边牛仔

自世纪之交起，一种独特的牛仔面料开始变得广受欢迎，主要是在男性群体中。原色牛仔裤通常被视为传统时尚的核心精髓，它始终深受诞生于 19 世纪的那些前身产品的影响，直至 20 世纪 50 年代。在那以后，经过预洗加工处理的牛仔面料逐渐流行起来。不过，在这一转折出现之前，牛仔裤都采用原色织边牛仔面料制成。

所谓织边，指的是这种面料在古董梭织机上最正宗的织造方法。但它们在 20 世纪 80 年代已近乎绝迹，仅在一个市场上还能见到一些"幸存者的身影"——既非牛仔面料的发源地欧洲，也非蓝色牛仔裤诞生的摇篮北美。唯一一个对这种织边牛仔面料有着足够需求，并且能让它继续存活下来的地方就是日本。但起初，日本人从未生产过哪怕一码长的织边牛仔面料。他们不得不为此重新设计一整套牛仔面料生产体系，从而制造出这种在日后令他们名声大噪的面料。传说在"二战"以后，为了帮助日本重建，美国将国内所有梭织机都运到了日本，但与大多数坊间神话一样，这个都市传说已被证实是错误的。尽管作为马歇尔计划的一部分，日本人确实也收到过一些他们一直梦寐以求的梭织机。但不管这些织机有着怎样的身世，重要的一点是，这些生产速度很慢的机械织机是用于制造织边牛仔面料的。随着日本人对美国文化兴趣激增，他们关注的焦点转向 20 世纪中叶的美国文化，到 20 世纪 80 年代，为了生产这种特殊的牛仔面料，日本人重新设计了本国的梭织机，但此时这种牛仔面料在世界其他地区基本已经"灭绝"。

对织边牛仔以及原色牛仔时尚的兴趣最初是在互联网留言板上孕育而生的一种小众热情。在那里，聚集着一群狂热的牛仔爱好者，也被称为"牛仔迷""牛仔纯粹主义者"，或者"牛仔痴汉"。这些发烧友们在网上分享了自己收藏的一些日本进口的价格高昂的传统牛仔裤的照片，之后便一发不可收拾地传播开来。

如今，织边牛仔裤比以往任何时候都更富有生命活力，它们所赢得的公众关注肯定远超任何牛仔面料生产厂商的想象，这股风潮的影响范围也远远超出了这一切的创造者的预期。诸如 Gap、J.Crew 以及 H&M 这一类通常以大众消费市场为目标的服装品牌，也纷纷在各自的产品系列中推出了织边牛仔和原色牛仔裤服装，可谓证据确凿。这种牛仔面料代表了品质、真实，以及"少即是多"的审美理念。在 Tellason 的托尼·帕特拉看来："这就是传承运动的起源——我们希望自己买到的东西穿起来更舒适一些，即便它们的售价更高（单次的使用成本是关键）。"并且，它们在穿着磨损过程中所产生的色落效果如此惊艳，贵一点也无妨。

原色牛仔面料的魅力

虽然牛仔迷们并非最开始被原色牛仔面料外观所吸引的人，但他们很可能是首批因为面料的色落效果而无法自拔地爱上它的人。褪色是棉纱与靛蓝染料相互作用产生的结果。与其他大多数染料有所不同的是，靛蓝染料无法完全渗透纱线，相反，它们只会包裹在纱线表面。你可以把这种染色想象成：手指反复浸入熔化的热蜡中几次。随着牛仔裤的日常穿着，层层附着的色彩会慢慢磨损或脱落，从而产生色落效果。

人们对原色牛仔服装热度高涨至巅峰之前，在互联网上是鲜少有相关信息的。随着牛仔迷们开始在各种网络评论区、论坛以及博客上交流自己获得最佳色落效果的心得，就像分享自己千辛万苦赢回的比赛奖杯一样，分享各自的

色落样式照片，这些早期的原色牛仔爱好者推动了这种趋势爆发式的增长。通常，当一种趋势达到临界点时，革新者与最早期的穿着者往往会弃之而去，这是由于市场化扭曲了其背后原有的想法与价值，让这些穿着者们产生了一种与之渐行渐远的疏离感受。

从某种程度上说，传统牛仔服装也陷入了此种境地，这也是为什么一些革新者与早期穿着者会发出"传统服装已死"的慨叹。这种服装的独特之处在于，它不是一时流行的狂热——不能简单地以某种风格或某个品牌归之。

喜欢穿牛仔已然变为一种业余爱好，更有甚者视其为痴迷执念。随着传统时尚的回归，男人们像喜欢运动装备、汽车、摩托以及其他一些小工具一样喜欢上牛仔裤。它气质阳刚，实用性强。探讨交流如何清洗原色牛仔裤，或者低调炫耀所了解的那些复杂的牛仔生产制造工序流程，就

像跟机械设备迷们讨论马力和转矩一样。尽管其中许多人都是半路出家自学成才，但他们认为，不厌其烦地探讨牛仔裤生产制作涉及的各种复杂工艺是再自然不过的事情，他们还会花无数时间在网上交流清洗牛仔裤的心得体会。

对于大多数牛仔迷来说，重要的不仅仅是牛仔裤的外在形象，还在于怎样雕琢出这一形象：你花了好几个月、好几年甚至好几十年的时间来穿牛仔裤。这就意味着，在这件衣服上，承载了太多的情感牵绊，它们相互交织，融于一体。它娓娓道来的是关于你自身的、最真情实感的故事，而这在本质上恰恰是传统时尚的核心。∎

↑ 传统时尚即是回归本源，无论在风格特色方面还是在生产工艺方面。

最体贴的剪裁
THE KINDEST CUT

满怀雄心壮志的延斯·奥拉夫·丹克森（Jens Olav Dankert-sen）一心只想创建自己的牛仔服装品牌，他汲取了一路跌跌撞撞走来收获并累积的种种信息线索。例如，在"单针锁式线迹"（single-needle lock stitching）等缝纫技术中，服装仅限小批量生产，更注重工艺细节品质与耐用性，这些都是他最终赢得成功的不二法门。

延斯·奥拉夫·丹克森"一个猛子扎进了深水区"。Livid Jeans 品牌创始人这样说道："我必须得说，我刚开始做牛仔裤的时候，并没有得到太多的支持。"事实上，他的联合创始人当时很快就决定重返学业，放弃尝试这些看起来不可能完成的任务。"我的意思是，尽管人们鼓励我放胆去做自己喜欢的事情，但他们也并不看好我在这条路上能走多远。毕竟，我这门外汉对做衣服、面料以及这一行的所有东西完全一窍不通。"

丹克森的牛仔服装追梦之旅，实际上是一场孤胆英雄的单打独斗。他最早在一家服装店工作，之后，他动了在挪威特隆赫姆创建自己的牛仔产品线的念头，那是他最想做的事情。那一年是2010 年。

"我记得当时看了罗伊·斯拉珀（Roy Slaper，美国一个极有影响力的个人手工牛仔裤品牌）的视频，它真的让我动了心，"丹克森说，"几个月后，我就一头扎进一座小阁楼，开始学习制作牛仔裤，周围到处都是每天要运转 8~10 小时的庞大的机器设备。每天工作结束后，我就无所事事，傻傻发呆，但又始终惦记着，想做点什么。"

说得更具体点，就是想在挪威干点正事。丹克森自己也承认，与邻国瑞典不同，挪威并没有深厚的牛仔服装文化传统——事实上，正是通过购买 Nudie Jeans 的服装，他才第一次认识牛仔裤——他心中也存有疑虑，因为这个国家的纺织产业其实早已萎缩到"濒临灭绝"的地步，但他希望可以通过自身的努力脱颖而出，这也能鼓舞一下挪威其他手工艺生产的士气。他解释道："想在这里干成点什么事情可不容易，劳动力成本、关税等都很高。但是，我们还得用自己的双手来保护那些老手艺。"

这就是为什么他的公司每周除了会在挪威制造为数不多的几条牛仔裤（主要采用日本生产的牛仔面料）之外，同时在葡萄牙还有一条相对更

"你能从最终产品上感受到一种更为人性化的气息——你知道它就在那里。"

YOU CAN TELL WHERE THAT HUMAN TOUCH IS IN THE END PRODUCT— YOU CAN FEEL IT'S THERE.

容易买到的牛仔产品线，因为需要依靠后者来支撑前一种手工制造维持生存。公司早期的快速增长便得益于此：2012 年他正式推出了 Livid Jeans 系列——400 条限量版采用干牛仔面料（dry denim，也称"生"牛仔或未洗牛仔面料，是指未经处理的牛仔面料，这意味着它们没有经过水洗或漂白）制成的牛仔裤，一经上架便很快被抢购一空——此时他终于有能力购置新的生产设备，并在特隆赫姆开设了一家门店。他还专门聘请了一位经验丰富的缝纫工匠，监督 Livid Jeans 现代款紧身牛仔裤的生产，这款牛仔裤采用的是一种相对过时的制作方法。

　　丹克森从零开始，一步一个脚印学会这些制作方法，渐渐地，他开始痴心于牛仔缝纫工艺：如，单针锁式线迹或明包缝等缝纫工艺，这样做出来的牛仔裤品质更加结实耐用，并且也没有那么浓的商业气息。"它们价格更贵一些，因为不是自动化机器生产——链式线迹的出现是牛仔裤发展历史上的一件大事，有了它，缝纫速度更快，牛仔裤的价格因此也更便宜，"他说，"你得像我们一样，多采用手工制造，你能从最终产品上感受到一种更为人性化的气息——你知道它就在那里。"

　　丹克森很清楚，一个门外汉自己动手制作牛仔裤会是什么情形。他留意到，让很多人感到惊讶的是，其实缝纫并不是生产流程中最难的环节。"万事都一样——熟能生巧。"他说。这条学艺之路最艰险陡峭的一段当属制版。如他所知，哪怕最不起眼的一个小缺陷都可能酿成最严重的后果——比如，幸亏采用的是斜纹面料，否则假如裤子臀部的尺寸稍有偏差，那么裤腿前幅就会把后幅扯得歪七扭八。

　　"虽然屡试屡败，但我也只好一试再试，找出问题的症结，"丹克森说，"我确实尝试过聘请制版师，但他们也没弄明白怎么回事。好在我们最后终于搞清楚了。正是通过这样一些细微的经验教训，我学到了真手艺。"■

沿海手工艺复兴
COASTAL CRAFT REVIVALISM

就牛仔品牌 Hiut 而言，亲自上手参与手工牛仔服装生产实践意味着：与一帮手艺精湛的工匠师傅精诚合作，从头至尾走完每道制作流程——这是一种罕见的野心，在维持旧缝纫机正常运转和保障技术工人就业岗位的同时，为品牌的产品注入人性化力量与奉献精神。

在许多人看来，牛仔裤真正的家乡在美国，说在日本也讲得通。"确实，我们遭到了一些人的反对，他们依然认定牛仔裤要么来自美国，要么来自日本，"大卫·海厄特（David Hieatt）承认，"但这样的情况正在发生改变。别忘了：日本从前并没有汽车产业，但后来他们不也学会了吗。我尊重这种念旧情怀。但在西威尔士这种小地方，我们还是有机会占有一席之地的。"

事实上，海厄特与妻子克莱尔（Clare）于2012年创立的这家名为 Hiut 的牛仔裤公司，总部就设在位于远离旧金山，或者说远离大阪的沿海小镇卡迪根。这似乎是个看上去很不起眼的开端，直到你了解背后的初衷。海厄特最初在一个环保

"从头到尾制作一条完整牛仔裤的技术实际上正濒临失传。"
THE SKILLS REQUIRED FOR MAKING AN ENTIRE PAIR OF JEANS FROM START TO FINISH FACE BEING LOST.

社交平台上创建了街头运动品牌 Howies（后来被 Timberland 品牌收购），而他的牛仔时装品牌延续着同样的理念：它们不仅仅是采用有机棉生产极简主义风格牛仔裤，还最大限度地减少了水洗、熨烫等后整理工序以降低牛仔裤生产过程中的碳排放。

海厄特最初曾打消过创办牛仔服装公司的念头，他觉得"从经济发展角度看实在糟透了"，尽管他坚信，"自从施特劳斯与戴维斯首次提出水洗这一想法以来，除了需要几次水洗之外，牛仔裤的制作领域缺乏技术创新，部分原因可能是他们从一开始就走得太顺"。他先前发出的熟练技工招聘启事收到了如潮的应聘回应，直到这时，他才最终打定主意做下去。事实证明，十年前，服装制造商 Dewhirst 集团决定将生产线转移至海外，该镇约有十分之一的人口因此被裁员，这一举动也为当地留下了很多继承了百年牛仔裤制作经验的人。事实上，该集团是英国当时最后一家牛仔裤工厂，为 The Gap 等品牌生产牛仔裤。海厄特聘请了几名从前为 Dewhirst 集团工作的工人，并且计划招聘更多工人操作他从波兰的 Wrangler 工厂购入的一些旧缝纫机，他甚至还雇佣当地居民担任"破衣工"（breakers），也就是专门负责穿着牛仔裤并将其磨损做旧的人，而非采用人工或化学手段。

当然，Hiut 是世界上为数不多的几家工人师傅能从头到尾制作出一条完整牛仔裤的制造商之一，也就是海厄特口中尊称的"大师"。"这很特别。"海厄特说。在推出 Howies 品牌之前，他曾在伦敦盛世广告公司（Saatchi & Saatchi）担任广告文案撰稿人。"有些制造商尽管已经有 20 年的牛仔裤生产历史，但从未制作过一条完完整整的牛仔裤——他们可能只擅长做裤袢。从头到尾制作一条完整牛仔裤的技术实际上正濒临失传。"

这种手工精心打造的品质对一条 Hiut 牛仔裤而言非常重要，以至于该公司——喜欢强调自己是传统行业中技术最为先进的公司之一——为每条牛仔裤上都贴上了"成长史"贴标。这个贴标记录着一条牛仔裤的生命历程，从它的生产阶段到它拥有主人（通过后续的网络上传分享），以及主人穿着这条牛仔裤都做过些什么事情等。"当这条裤子最终出现在二手商店时，它的故事还将继续下去，并且继续被分享，"海厄特补充道，"我能说的一件事是，作为一家牛仔服装公司，我们特别感激互联网的出现以及智能手机的普及，这让我们能够直接与客户沟通，而不再仅依赖传统服装批发这一个途径。"

"我只知道，当时能理解我的想法、能聊得
下去的厂商，一家都没有，所以我打算
自己干。"
THERE WASN'T A MAKER OUT THERE
WHO I FELT REALLY CONNECTED WITH,
SO I DECIDED I'D HAVE TO MAKE THEM
FOR MYSELF.

　　这并不代表 Hiut 就应该被轻视为一种噱头。尽管人们越来越喜欢购买一些具有故事背景的产品，但 "情感本身并不能造就伟大"，即使它可以推动人们创造出伟大的产品，海厄特是第一个强调这一点的人。对于海厄特来说，这种动力一部分源自他对牛仔裤的痴迷，他打小就爱穿原色牛仔裤，童年的卧室墙上也贴满了 Adidas、Nike、Levi's、Wrangler 的各种海报照片，这在当时很不寻常——即便如此，如他所说："我一直对牛仔服装很好奇，但从来不知道为什么，直到很久以后，通过学习，我才真正了解到它身上这些令人惊喜的品质。"

　　海厄特补充道："我只知道，当时能理解我的想法、能聊得下去的厂商，一家都没有，所以我打算自己干。我们就像一艘与远洋客轮同场竞技的小快艇，但这些牛仔裤是为那些有思想、有见地的人设计的，为那些关注环保的沉默的大多数设计的，为那些想要改变现状的人设计的。" ■

从功能到时尚：
早期的牛仔服其实是工作服
FROM FUNCTION TO FASHION:
EARLY DAYS OF DENIM AS WORKWEAR

放眼全球，蓝色牛仔裤的身影无处不在。无论是教师还是银行家，无论是嘻哈歌手还是企业高管，每个人都至少拥有一条牛仔裤。美国人对时尚语言的这一贡献，已经成为这个遍地黄金、满是机遇的国家最受欢迎的文化输出之一，其影响力仅次于可口可乐。然而，事情并非总是如此。

➡ 牛仔面料最早被用于制作工作服。

小小一颗撞钉如何勾画牛仔蓝图

最初的蓝色牛仔裤是为了劳动的男性工人而设计的。如今牛仔裤上被视为时尚的细节特征，最初都是纯粹出于实用目的，旨在解决制造商或它们的顾客所面临的问题。在 20 世纪 40 年代末的那一代青少年出生以前，在马龙·白兰度身穿 Levi's 501 牛仔裤，以及迪恩穿着 Lee Riders 系列牛仔裤的经典阴郁青年形象登上大银幕之前，牛仔裤几乎可以说是工人阶级的专属服装。这些裤子通常在五金店或杂货店里被当成普通商品出售，并非时尚单品，而品牌名称也只是一种制造商的标志，并不体现商品本身的特质。那时，人们大都将其称为"工装裤"（Dungarees），是给工人们穿的。它们简单实用，最重要的是结实，这种服装面料必须要能扛住长时间的艰苦劳动。

由五口袋工作服经历多次迭代演变衍生出的牛仔裤原型，早已成为当今世界牛仔裤的全球标准。1872 年，裁缝雅各布·戴维斯与纺织日用品商人李维·施特劳斯的一次合作为接下来的 150 年奠定了基础。当时戴维斯发现了一种巧妙的方法，用铜撞钉和从施特劳斯那里买来的面料为工人缝制裤子。戴维斯向施特劳斯提出了自己的制作想法，正如他们所言，剩下的便成了历史。他们申请了"改进口袋开口加固方式"（improvement of fastening pocketopenings）专利（该项专利于 1873 年 5 月 20 日获得批准），一颗小小的撞钉自此为该品牌奠定了坚实的基础与市场竞争优势，并且之后很快就有了如今广为人知的品牌名称 Levi's。早期的 Levi's 牛仔裤的主要特点是：一个后袋，一个日子扣后腰调节带（buckle back），裆部及所有裤袋开口处都有加固撞钉。该专利于 1890 年到期，他们首次使用标志性批号"501"也就在这一年。专利到期后，各路竞争对手便纷纷开始使用戴维斯的发明。由于无法通过法律诉讼手段来打击模仿抄袭行为，Levi's 只好另辟蹊径，想出其他一些发明来注册商标，其中就包括两匹马图案贴标（1886 年）、它的名字与保证票（guarantee ticket, 1928 年）、红标（1936 年），以及最终广为人知的极具辨识度的后袋袋花装饰缝线（1943 年）。发明所有这些商标的目的都是维持"品牌原创"的地位，并且这些商标与先前的撞钉专利有所不同，它们不会过期。这一举措最终赢得了回报。

无论何时，只要一位设计师打算利用蓝色牛仔裤引发下一场时尚热潮，那么 Levi's 牛仔裤最终都会成为他 / 她的主要参考对象——这意味着工作服最终会成为他 / 她的一部分灵感来源。或许这些牛仔裤看上去与 501 并没有太多相似之处，但是，无论他 / 她是否有意识，都必须了解 Levi's 凭借 501 确立的行业标准——五袋牛仔裤的决定性细节。

尽管随着时间的推移，Levi's 终将成为牛仔裤行业的黄金标准，但在当时，为各行各业劳动者服务的其他一些经销商与制造商大约也在同一时期脱颖而出，而且它们的服务质量也达到了与 levi's 公司类似的高度。亨利·大卫·李（Henry David Lee）于 1889 年创办了自己的 H.D. Lee Mercantile 公司，并于 20 世纪的第二个十年涉足工装行业。在整个 20 世纪早期，Lee 始终都是一位革新者，推出了牛仔背带裤、拉链门襟，以及最重要的一件预缩牛仔裤。而 Wrangler 品牌的制造商 Blue Bell 公司之所以决定将该公司在战争期间发展累积的巨大产能投入牛仔裤生产，也是因为它最终意识到了西部牛仔风格牛仔裤所蕴藏的商业潜力。

在那个牛仔裤尚处于萌芽阶段的时代，Levi's、Lee 和 Wrangler 这三巨头远远不是当时唯一的牛仔制造商。那时候，牛仔裤在很大程度上依然只是一桩地区性的生意，全国大大小小的牛仔裤制造商都在为田间地头以及铁路上辛勤劳作的男人们提供牛仔裤，当然，也包括其他任何需要坚韧耐用的服装面料的地区。但所有这些牛仔行业先驱都有一个共同之处，那就是它们都注重产品的耐用性与功能性。但是，随着时间迈入 20 世纪 30 年代，人们对牛仔裤的认知开始慢慢发生变化，服装带给消费者的感受第一次变得重要起来。

最重要的是牛仔服装带给我们的感受

牛仔服装发展历史上最重要的一项发明是，戴维斯决定用撞钉来加固他正在制作的工装裤的接缝和口袋开口。当时戴维斯并未意识到这一点——他认为自己不过是在解决一个与生产更耐用的工作服有关的难题。但是，不管他怎样无心插柳，最终都成就了第一个标志性的牛仔裤品牌。而实用性与时尚观念的无意结合，也为后来发生的一切拉开了序幕。自那以后，Levi's 利用自己先发制人的优势将商业竞争对手以及模仿者一一击退。当然，这也无可厚非——毕竟一招鲜，吃遍天。任谁手握这样一张王牌，都会一直打下去。但是，虽然这一颗小小撞钉的大本事是一切的开端，但也是因为 Levi's 清楚地传达了公司的"为什么"，即其存在的理由，才令其在一众模仿者与竞争对手中始终保持先人一步的优势。

这里的"为什么"指的是消费者（理想状态下）对该品牌的感受，也是创造这种感受的能力。这种感受能在成就一个品牌的同时打败其他对手，Levi's 早就对这一切了如指掌。对大多数消费者而言，让他们对 Levi's 这样的品牌产生终身忠诚度的并非真正的产品本身，甚至不是产品的生产制造工艺。消费者之所以会产生这样的忠诚度，是因为产品及其生产制造方式非常清楚地向人们传达了该品牌的"为什么"，这一点 Levi's 早已心知肚明，而 Levi's 的"为什么"则是他们宣称自己是"原创"的。并且，由于消费者在穿着原版牛仔裤时获得了某种积极的感受，Levi's 可谓在引领牛仔裤从工作服向时尚潮流蜕变的

过程中发挥了至关重要的作用。

20 世纪 30 年代，牛仔裤逐渐开始向休闲装转型。随着东部经济发达地区富裕的城市居民日益频繁地造访观光度假牧场，Levi's 也从中挖掘出一个全新的、利润丰厚的利基市场。自然，他们也都想要原版的蓝色牛仔裤。很快，这些城里人开始像牛仔汉子们一样打扮自己。在这段时期，东海岸校园里的知识分子与大学本科生也纷纷穿上了牛仔裤，以表达他们对工人阶级的同情，或许也是因为他们中的很多人都是穿牛仔裤长大的，对这种服装非常熟悉。尽管从历史上看并不准确，但牛仔裤，尤其是 Levi's 品牌的牛仔裤与牛仔汉子们之间的联系，在诸如约翰·福特 1939 年的《关山飞渡》（Stagecoach）等西部片中得到了进一步推动。在《关山飞渡》中，约翰·韦恩（John Wayne）身穿 Levi's 的日后腰调节带款牛仔裤，青春洋溢、意气风发。这也为该品牌的下一发展阶段做好了准备，牛仔裤不仅变得时尚，也变得更具反叛精神。■

↑ 在牛仔服装变得时髦以前，它们是严格意义上的实用型服装。

三巨头
THE BIG THREE

或许牛仔服装最早起源于法国，但它的历史属于美国，特别是这三家企业：李维·施特劳斯公司、H.D. Lee Mercantile 公司以及 Blue Bell 公司的 Wrangler。他们共同创造了牛仔裤的现代概念，在 100 多年时间里，三大公司都各自引发过一波波代表青春活力、休闲生活以及时尚权威的牛仔时尚热潮。

THE LAST CHANCE MINE
PLACER COUNTY, CALIF. 1882

故事从李维·施特劳斯讲起。斯特劳斯是一位德国犹太移民，也是一位在淘金热时期为那些碰运气的矿工提供工作服装的旧金山商人。但那些工作服并非用牛仔面料制成：施特劳斯卖的是版型标准的"工装裤"——之所以这么叫，是因为它们通常被套在裤子外面——采用棕色棉帆布制成。于是，一场标志性的演变就此开始：施特劳斯很快转向使用牛仔面料。1873 年，施特劳斯花 69 美元为另一位移民提出的一个想法申请了专利，这位移民的想法是：采用撞钉加固工装裤结构上最关键的一些点位，让这些工装裤更坚实耐穿。"对此我们毫不怀疑，他的发明创造一定会在工人群体中大受欢迎，"那一年的《太平洋乡村报》（Pacific Rural Press）6 月刊上这样写道，"没什么东西能比工人撕破的口袋耷拉下来看着更邋遢。"

此时已经越发接近牛仔裤的原型，这在很大程度上是因为一个好的创意值得被复制，许多小厂商对这一点心知肚明。施特劳斯需要创立一个品牌来区分自己与其他人的产品。到 1890 年，一条能让今天的人们一眼就识别出来的 Levi's 牛仔裤的各种特点已经全部具备——橘色缝线、后袋袋花装饰缝线（可能只是起固定口袋衬里的作用——真相早已湮没在历史里）、撞钉、硬币袋（或表袋）、编号系统，以及时常被人提起的双马皮牌贴标。时机的把握很关键：那一年，撞钉专利到期，因此建立强大的品牌标识就显得更加重要。

在一个与大企业和消费主义紧密相连的国家，牛仔裤的早期历史，在一定程度上说，其实是一部维护自身地盘与建立各自独有市场的历史。以堪萨斯这位经营煤油及罐头食品的商人亨利·大卫·李为例。他当时已经开始销售其他一些制造商生产的工作服，但当这些生意逐渐不再适合他时，他就开始自己生产制作工作服，并在脑中瞄准了特定的市场。

随着淘金热走向终结，先前一直垄断矿工消费市场的 Levi's 品牌也开始转向吸引牧场主与农民——而 Lee 公司则在这个新兴工业国家的工人身上看到了机会，Lee 的突破性产品是 Lee Union-All——这是一款于 1913 年推出的牛仔夹克，产品一上市便迅速被工厂工人以及机械工所接纳。这很合时宜，因为它是一种更为工业化的改良型产品：Lee 品牌在 1925 年研发了更有韧性、纱线加捻的 jelt 牛仔面料（jelt denim，一种更轻、更舒适的牛仔面料，强度相当于 13 盎司的牛仔面料；这是 Lee 开发的一种特殊工艺，采用更紧密的编织和加捻纱线，以实现较重牛仔面料的拉伸强度），并且在第二年，首次在牛仔裤上引入拉链门襟设计。

Levi's 和 Lee 各自的受众也反映了这两大品牌从地理上瓜分了美国市场：Levi's 品牌极具西海岸特色，而 Lee 品牌则更富有东海岸风情。事实上，当 Levi's 开始在东部市场销售 501 牛仔裤时——直到 1954 年左右才开始——它不得不为此推出拉链款式设计，因为东部的牛仔裤消费者对纽扣门襟基本都不熟悉。

同样，Wrangler 品牌也是为了满足人们的消费需求而进行产品研发。随着工业化带来的人口增长，随之而来的是肉类需求的增加。在整个 20 世纪上半叶，美国牧场见证了巨大的繁荣兴盛，Blue Bell 公司也瞅准时机，牢牢把握住了为职业牛仔骑手提供服装的机会。Blue Bell 公司——该公司诞生于 1919 年，其前身是哈德逊工装公司（Hudson Overall Company）——推出了首款由预缩面料制成的工作服，这无疑是牛仔服装史上的一次重大突破。1943 年，它收购了凯西·琼斯工装公司（Casey Jones Work-Clothes Company），其中就有一个尚未被充分开发利用的品牌：Wrangler。于是，公司随后聘请了伯纳德·利希滕斯坦（Bernard Lichtenstein）——一位曾与牧场主有过合作的波兰裁缝——专为牧场主设计生产牛仔裤，并将品牌命名为"Wrangler"。1947 年推出的 Wrangler 11MW 和 13MWZ 牛仔裤都设计有更深的硬币袋，采用明包缝工艺。两种细节设计都是为了更适合骑行，并迅速成为骑手服装的黄金标准。

当然，Levi's 与 Lee 也为它们的产品设定了标准。同样，对于各自所有权的态度当然有助于定义各品牌独特的产品——由于它们的历史地位，这些产品已经被奉为经典，当然，它们也曾引发无数山寨（或近乎山寨）产品的争相模仿。Levi's 品牌推出了 501 牛仔裤——它可以称得上是其他所有品牌牛仔裤的蓝图——而 Lee 品牌则推出 101 牛仔裤。Levi's 有 I 型、II 型和 III 型夹克（或"Trucker"卡车司机夹克）；Lee 有 101J 紧身款（101J Slim）、毛毡内衬的"风暴骑手夹克"（Storm Rider）以及火车司机夹克（Loco Jacket），后者主要面向的消费群体是从事重工业生产的铁路工人。这样的例子数不胜数。不过，这并不意味着他们完全没有抢夺对手市场份额的企图：Wrangler 的面市就是为了直接挤掉 Lee 品牌 101 牛仔裤的市场份额，这是一款最早以"西部牛仔的长裤"（Cowboy Pants）形式推出的产品。

Lee 品牌最早的六位销售人员。

尽管大多数市场都讲求品牌忠诚度，但激烈的市场竞争也鼓励人们不断努力进行区分与推广营销。例如，Lee 品牌在 1920 年设计出了"Buddy Lee"——这是一个摆放在商店橱窗里供展示的一个身穿迷你款 Lee 工装裤的玩偶。1936 年，Levi's 品牌为其牛仔裤的右后袋添加了红标，因为它发现后袋袋花的装饰缝线设计——1943 年才正式注册商标，甚至直到 1947 年才开始统一使用——已经被模仿复制到泛滥的程度。例如，Lee 品牌自 1926 年以来一直在使用 Levi's 的后袋袋花设计，直到 Levi's 为其注册商标后的第二年才改用"懒惰的 S"（lazy S）形的袋花设计。

"这些产品已经被奉为经典，是其他所有品牌牛仔裤的蓝图。"
THEIR PRODUCTS HAVE COME TO BE REGARDED AS ICONS, THE BLUEPRINTS FROM WHICH ALL OTHER JEANS DERIVE.

Get the real thing!

LEVI'S

AMERICA'S FINEST JEANS · Since 1850

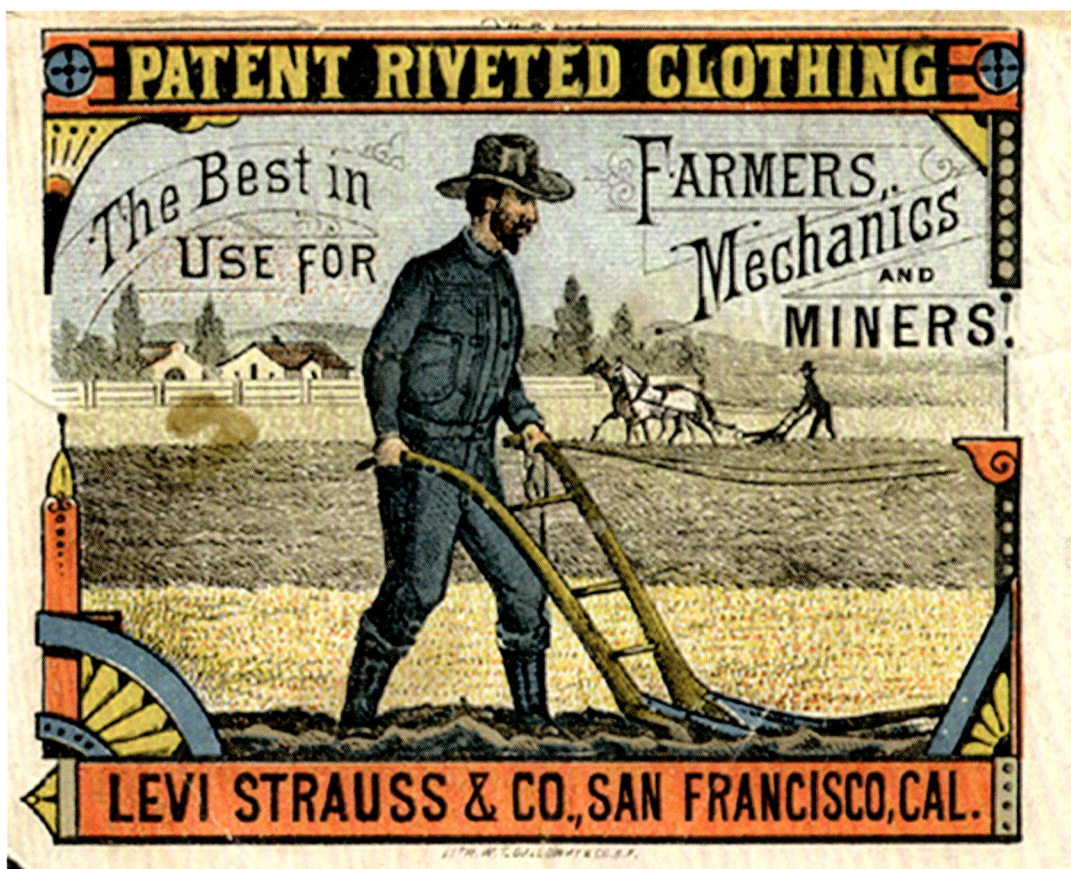

"施特劳斯花 69 美元申请了专利：采用撞钉加固工装裤结构上最关键的一些点位，让这些工装裤更坚实耐穿。"
STRAUSS SPENT $69 FOR THE PATENT, MAKING HIS WORK TROUSERS STRONGER BY RIVETING THE MOST CRITICAL POINTS IN THEIR CONSTRUCTION.

"如果说 Levi's 品牌垄断
了矿工消费市场，
那么 Lee 公司则在这个
新兴工业国家的工人身上
看到了机会。"
IF LEVI'S HAD
CORNERED THE MARKET
FOR MINERS, LEE SAW
A GAP IN SERVICING
THE WORKERS OF A
NEWLY INDUSTRIALIZED
NATION.

市场竞争也促使品牌从总体上做好准备，以适应消费需求的不断变化。1922 年，Levi's 为工装裤增加了全新的裤裆设计，因为当时背带裤款式已经过时。当顾客抱怨后袋上外露的撞钉会造成物品刮损之后，Levi's 在 1937 年把它们都遮盖了起来；十年后，Wrangler 品牌凭借其独特的平面撞钉样式脱颖而出。

"二战"刚刚结束不久，Wrangler 品牌便闪亮登场。它的出现预示着三大品牌进入一个崭新的时代：牛仔裤开始走出工作服的旧时代，缓缓迈入休闲时装的新世界。战后，各种廉价牛仔服

装产品过剩，这些多年来一直是定量配给的紧俏商品一下变成了人们现成的"盘中餐"。尽管这些消费群体或许即将迎来堪称史上最大的一场消费热潮，然而，保守的当权派对牛仔裤依然抱持怀疑态度，并将其直接等同于体力劳动——最著名的就是猫王埃尔维斯，除了一些特定的宣传推广场合外，他始终身着牛仔裤装束。因为他认为牛仔裤是他清贫幼年时代的象征——新兴的青年文化则完全没有这样的顾虑。

要迈过这道坎，需要将近十年的时间。但 1954 年上映的电影《伊甸园之东》（East of

Eden）中詹姆斯·迪恩以及影片《飞车党》（The Wild One）中马龙·白兰度的精彩亮相，为 Levi's、Lee 和 Wrangler 的产品营销开辟了一个全新的世界。这是人们从整体上重新认识牛仔裤的大好开端。"缔造美国的牛仔裤"（The Jeans that Built America）——Lee 品牌早期的广告宣传语，很快被"适用于工作和娱乐的舒适服装"所取代。正如 20 世纪 50 年代 Levi's 的一则女装广告所宣传的那样，牛仔裤"非常适合休闲生活"。

"牛仔裤"（jeans）一词显然是年轻人的发明：在那之前，牛仔裤一直是个口语化的表达，

YOU'RE OLD ENOUGH TO GO CAMPING WHEN YOU'RE BIG ENOUGH TO WEAR LEE RIDERS

Lee Riders are as traditional in the great outdoors as fried eggs at dawn and mosquito bites at twilight. They're rugged, brawny . . . the toughest denim in the world. Dust brushes off it. Baked beans wipe off it. And Lee Riders are so stalwart they simply ignore brambly bushes along the trail. No finicky care, either. Just hang Lee Riders on a hickory limb and they're wrinkle-free when you wake up in the morning. Part of the tra- dition is the trim, authentically western look of Lee Riders . . . originally designed for cowboys! They're lean, narrow, and that comfortable waistline rides low and easy. That's the look. That's the tradition. Everybody in Lee Riders . . . it's America's original family plan for families who have fun!

Lee Riders®

H. D. Lee Company, Inc., Kansas City 41, Mo.

SPORTS AFIELD — May, 1963

Gent - Aug '60   Placed Direct For Products

"随着工业化带来的人口增长，随之而来的是肉类需求的增加。同样还有对 Wrangler 牛仔裤需求的增长。"

WITH INDUSTRIALIZATION CAME POPULA-TION GROWTH, AND WITH IT CAME A NEED FOR MEAT— AND FOR WRANGLERS.

它指的是儿童牛仔长裤。当然，裤子的形象开始变得比以往任何时候都更为重要，战前的实用主义产品在战后开始转向强调产品营销与注重外形时尚。到 1970 年，Lee 牌工作服全部停产。

　　事实上，"工作"二字对许多穿牛仔裤的人来说已经不再意味着艰辛劳苦。相反，这是 Lee 品牌 Sta-Prest 牛仔裤大放异彩的时代，或者说是 Wrangler 品牌推出 Avondale，一款聚酯纤维与棉混合纺织的具有"柔软顺滑"特性的牛仔面料的时代；这是一个不注重实用性但不断推陈出新引领潮流的时代，比如喇叭裤，又比如 Levi's 品牌在 1973 年赞助的具有商业推广性质的"牛仔艺术大赛"（Denim Art Contest）上那些五花八门的

牛仔裤。这场活动鼓励人们寄出自己的牛仔裤照片，照片上的裤子要么绣着花式纹样，要么画有各种涂鸦，或以珠串点缀，有些裤子上甚至还饰有华丽的亮片。

　　这是一个新潮牛仔裤、舒适牛仔裤、时尚牛仔裤，甚至性感牛仔裤争奇斗艳的新时代。毕竟，即将到来的是牛仔品牌百花齐放的一派繁华盛景——从 Jesus Jeans 到 Jordache，从欧洲到远东——它们认为没有必要再强调自身产品耐用性或功能性的老传统。先别管原色牛仔服装怎么样了——Levi's、Lee 和 Wrangler 即将迎来一场异常激烈的时尚美元争夺战。■

反文化、青少年与牛仔裤的流行
COUNTERCULTURE, TEENAGERS AND THE SPREAD OF JEANS

这是一个被大众普遍接受的事实：青少年喜欢听很吵的音乐，穿着打扮与父辈们截然不同，爱飙车，浑身充满叛逆不羁的感觉。人们对诸如此类描述青少年形象的陈词滥调的接受程度如此之高，以至于年轻人某些轻率鲁莽的行事做派经常被一句话驳回："唉！年轻人嘛，都这样。"但是，事情并非总是如此。

美国的反主流文化

尽管 20 世纪 60 年代通常被视为美国反主流文化、革命反抗最激烈的时期，但它的种子却早在 20 世纪 50 年代就已经埋下。从"垮掉的一代"、凯鲁亚克（Kerouac）与金斯伯格（Ginsberg），到大银幕上马龙·白兰度与詹姆斯·迪恩对不法分子一类角色的演绎，再到猫王等嘻哈音乐人以及其他一些反主流文化运动的关键代表人物，他们都身穿牛仔裤。这种服装正逐渐成为一种象征符号，并且始终与美国精神绑定在一起。那些穿牛仔裤的人都有自己的态度，牛仔裤也因此成为一种反建制的象征。

现实生活中的一些不法之徒是最早以牛仔裤为宣言为自己发声的群体之一。1948 年，"地狱天使"（Hell's Angels）在美国加州成立，这是一个成员人数占人口总数 1% 的非法摩托车帮派，由"二战"退役老兵与其他一些摩托车帮派成员组成。地狱天使的形象在美国人的想象中占据着与黑帮、西部牛仔，以及其他一些反英雄相同的地位。

由于牛仔裤是反英雄制服着装的一部分，因此牛仔裤与反叛之间几乎瞬间就挂上了钩，全国各地的学校纷纷开始禁止学生穿牛仔裤。尽管在一开始，Levi's 品牌也发起过"校园权利"（Right for School）的抗议活动等，以对抗各种视该品牌牛仔裤为反叛象征的负面宣传，但到 20 世纪 50 年代末，Levi's 也已经接受这一现实趋势。在短短十年间，产品销售额增长了近两倍。就在那个时候，牛仔裤开始变得性感刺激起来；也是从那时起，牛仔裤成为一种宣言。

在 20 世纪 50 年代，好莱坞也开始通过大银幕塑造和反映叛逆的青少年文化。1953 年，由马龙·白兰度主演的电影《飞车党》上映，影片改编自 1947 年发生的一个真实事件。白兰度在片中的精彩演绎，以及他身穿 501 牛仔裤配皮夹克的经典造型，为 20 世纪大部分时间的叛逆美学奠定了黄金标准。两年后，即 1955 年，詹姆斯·迪恩担纲主演的电影《无因的反叛》(Rebell Without a Cause) 也登上了大银幕。而他本人恰恰是这种新趋势的化身：青少年。

在营销人员试图向孩子们兜售从麦片到香烟等各种商品之前，在滑板、购物中心、嘻哈音乐以及电子游戏等新生事物出现之前，旨在迎合青少年的各种市场营销理念势必会应运而生。无巧不成书，牛仔裤作为一种时尚服装、一种文化符号与标签诞生，恰逢 20 世纪 50 年代太平盛世下的美国流行文化发生巨变。

"二战"之后的美国是青少年与反主流文化诞生的完美孵化器。当小伙子们被一批批地送往海外作战时，妇女们开始进入工厂上班。战争结束后，并非所有女性都希望回到厨房担任家庭主妇，因此，双收入家庭得以成为现实。随着美国经济蓬勃发展，其为美国人带来了更丰厚的可支配收入与更多可用于休闲娱乐活动的空闲时间。郊区在这一时期开始日渐兴旺，由于第一波白人外迁，美国的富裕群体开始成群结队地离开都市，去往田园牧歌式规划的社区，并且在郊区生活中产生了一种前所未有的"无所事事"之感。

在富裕充足的消费环境下长大的婴儿潮一代，他们的购物清单中的其中一项就是蓝色牛仔裤。在 20 世纪 30 年代，在约翰·韦恩、观光度假牧场以及大学生的推动下，Levi's 的服装产品已开始从工装向时尚转型。后来美国去工业化的进程也进一步促成了这种转变，因为在办公室坐班的公司职员不再需要把牛仔裤当工作服来穿。而孩子们穿牛仔裤则是因为这些裤子有故事，并非因为它们可以承受一整天的辛苦劳作。

牛仔裤已成为欧洲与日本亚文化潮流象征

随着美国卷入"二战"，牛仔裤再度穿越大西洋回到欧洲，甚至跨越太平洋抵达日本和亚洲。此时牛仔裤已成为一种休闲服装，且许多美国军人都穿着牛仔裤长大，同时，牛仔裤也成为海军制服的一部分，士兵们通常都会随身携带一条牛仔裤，换岗之后便把它换上。

通过马歇尔计划的实施，欧洲与日本获得了美国的工业与文化输入。基于战后的勤勉打拼加之美国驻军的存在，欧洲人与日本人开始接触到美国价值观与美国商品，其中就包括美国大兵们在休闲时间所穿的牛仔裤。牛仔裤就此成为新时代的象征，与美国紧密相关。当然，这种流行趋势还受到了好莱坞电影与摇滚乐的推动，牛仔裤与叛逆二字挂上了钩。与美国一样，欧洲的年轻一代也迅速接受了牛仔裤。

牛仔裤在欧洲

到 20 世纪 50 年代末，牛仔裤在欧洲已经广受追捧，但当时却一裤难求。起初，美国牛仔裤商品全靠进口，好莱坞电影明星与摇滚明星所穿的牛仔裤原创品牌也因此被确立为标杆。欧洲的一些服装制造商很快就意识到这种商品的市场潜力，并在 20 世纪 60 年代初开始生产自己的牛仔裤。

当最早的一批欧洲生产厂商开始寻求复刻美国原版牛仔裤时，其他一些人也紧随其后开始进行尝试。诸如弗朗索瓦·吉尔博一类的时装设计师创造出了新的造型与细节设计，并采用牛仔面料制作潮流时装。即便在 20 世纪 60 年代，美国原版牛仔裤在设计方面也表现出了对牛仔裤的决定性细节特征与规范的极大尊重。设计师吉尔博认为，它们基本上仍然被视为工作服。在欧洲，牛仔裤是美国风格与进口商品的一种混合体。最重要的是，欧洲版牛仔裤非常性感。最早期的欧洲牛仔裤品牌包括法国的 Chipie、意大利的 Rifle、英国的 Lee Cooper、德国的 Mustang Jeans，以及瑞典的 Gul & Blå 等。

"二战"结束后，牛仔裤成了青少年犯罪的代名词。

牛仔裤在日本

与欧洲一样，日本人首次接触牛仔裤也是通过当地的美国驻军。在很大程度上，得益于 W. 大卫·马克思（W. David Marx）为其著作《美式传统：日本如何拯救美式风尚》（*Ametora: How Japan Saved American Style*）所做的大量研究，我们可以了解一些曾为日本牛仔文化打下基础的公司与个人，而这些牛仔文化最终成为传统牛仔时尚的基石。

在美军占领期间，由于进口管制，日本人很难买到全新的牛仔裤。正如马克思所说，想买条新牛仔裤，得找关系托人帮你去当时的"军人服务社"（PX office）购买。二手牛仔裤相对更容易买到，早期的牛仔裤购买者会去位于东京上野区的商业街"阿美横町"（Ameyoko，以前是战后黑市）的商店里购买，这些牛仔裤的货源来自日本妓女，她们的美国恩客支付的不是美金，而是衣服。到 20 世纪 60 年代初，牛仔裤需求如此巨大，以至于这一市场成为好几家日本国内服装生产厂商争相抢夺的对象。尽管自 20 世纪 50 年代末开始，Levi's 和 Lee 品牌的原版牛仔裤就已经上市，但服装零售商们强烈呼吁价格更便宜的国产牛仔裤。虽然日本牛仔品牌 Edwin 声称自己是国产牛仔裤生产第一人的这个说法缺乏确凿的事实依据支撑，但对日本国内历史有过多年研究的马克思认为，最早的一些日本国产牛仔裤是日牛品牌 Big John 生产的。与现在一样，

当时的牛仔裤都是在冈山县儿岛生产的。

马克思观察到，自 20 世纪 30 年代以来，掌握了大量纺织及靛蓝染色生产设施的儿岛一直都是日本的纺织产业中心。1964 年，儿岛的一家主要的服装生产制造商丸尾服饰公司（Maruo Clothing）在激烈的市场竞争中陷入困境，公司创始人尾崎孝太郎（Kotarō Ozaki）决定通过生产牛仔裤来救公司于水火之中。但问题在于，在日本几乎没人知道怎样用靛蓝环染的高强度纱线生产织造美国牛仔面料。因此，尾崎通过东京的 Ōishi 贸易公司从美国佐治亚州的 Canton Mills 工厂进口了一批美国生产的牛仔面料。马克思认为，这实际上是 Canton 品牌旗下的第一条日本产牛仔裤。1964 年秋，尾崎买下了箱根以西地区的 Canton 牛仔裤的生产权，到 1965 年 2 月，这些牛仔面料抵达小岛。在尾崎意识到自己的日本缝纫机设备并不适合缝制厚重的牛仔面料后，他又从美国进口了二手的 Union Specials 牌缝纫机，并且他还知道自己缺少美国产的缝纫棉线、拉链和撞钉，这些东西分别由 Canton Mills 工厂、Talon 公司以及 Scovill 公司供货。

马克思的研究有一个令人瞠目结舌的发现：丸尾服饰公司生产的牛仔裤于 1965 年 4 月左右上市，尽管这些新牛仔裤的售价更便宜，但它们的销量仅是二手牛仔裤的 10 倍，这是个令人无比尴尬的数字。顾客抱怨得最多的就是牛仔裤太硬了，而解决办法就是让牛仔裤过一道水洗工序，这便是"一次水洗"（one-wash）牛仔裤的由来。尽管事实证明，这些水洗处理过的牛仔裤在销量上确实比先前的产品更成功，但尾崎也意识到自己需要瞄准年轻一代的时尚潮流引领者市场。于是，他专门为东京的各大百货公司打造了牛仔品牌 Big John，这些牛仔裤采用美国 Cone 公司出品的 B 级牛仔面料制成。然而，直到思想政治革命学潮席卷日本，并且牛仔裤成为反叛的统一象征时，Big John 与其他一些本土牛仔品牌才真正将日本制造的牛仔裤变成一门成功的生意。几年后，它们收获了实实在在的丰厚利润。

尽管如此，直到 1972 年，随着美国牛仔面料的供应量减少，第一款赢得商业成功的日本牛仔面料才得以被引入生产。仓敷纺织公司（KURABO）采用 Kaihara 工厂的绳状染色技术以及苏尔寿牌现代织机织造出 KD-8 牛仔面料，Big John 品牌随后将其用于制作出第一条纯日本制造的牛仔裤。8 年后，也就是 1980 年，第一款日本国产织边牛仔面料问世（采用改造后的丰田织布机织成），之后被用于制成第一条 Big John Rare 织边牛仔裤。

日本人向来以严谨认真、注重细节著称，在日本牛仔的设计制造方面也不例外，他们会不遗余力地在复刻牛仔裤上还原真实，一针一线都不放过。他们在 1965 年是这样，现在依然是这样。大约在 20 世纪 70 年代初，就在第一批日本国产牛仔裤诞生的时候，欧洲与美国牛仔服装界呈现出另一番截然不同的景象：设计师品牌牛仔裤的时代拉开序幕。■

自由思想者
FREE THINKER

取其精华，古为今用，牛仔服装品牌 Mister Freedom 以此为其产品注入了崭新的生命活力——以传统工作服为灵感以及从古着西部款式休闲裤中借鉴了原始版型。同样具有重要意义的是创始人克里斯托夫·卢瓦隆（Christophe Loiron）关于牛仔裤的一些令人耳目一新的理念：将牛仔裤诠释为众多风格中最具真实性的设计。

克里斯托夫·卢瓦隆的观点或许不无道理。他认为，世间所有好衣服——当然包括牛仔裤——其实早就已经被全部制造出来了。"在我看来，车轮其实早就被发明出来了，而我们今天只不过是给它配上了轮胎。只要你正在发明的不是某种能在半空中浮动的车辆，那么你对于原创性的选择就同你选购轮毂盖一样。"这位住在美国加州的法国人、Mister Freedom 公司的创始人如是说。该公司是一家以复古风格男装为主要特色的著名服装经销商，并与东洋企业旗下的日本牛仔品牌 Sugar Cane 联手打造属于 Mister Freedom 自己的牛仔系列。

"我喜欢以历史为师，所以我的设计中会有一些对过往的参考以及对某些历史片段的解读，"卢瓦隆补充道，"我认为，分享一些'做什么''怎么做''为什么'的信息很重要，否则你就只是在吆喝叫卖服装。我的内心想象机制会让每个人都觉得厌烦，所以我更喜欢随便聊聊历史，谈点大家都比较关心的事情。"

卢瓦隆以工装为设计灵感的服装参考了更为考究的旧西部（Old West）时期更正式的服装样式，但也不乏一些更为深奥的连接交会点，比如 19 世纪晚期的巴黎阿帕奇（Apache）帮派。他总喜欢在设计中参考一些以往的东西，并且，他设计的服装拥有一批狂热的追随者，这一点从他独特的设计中就能看出一二。人们很难在其他服装制造商的产品中找到与之类似的风格。在一部分人看来，Mister Freedom 这个名字——来自威廉·克莱因（William Klein）1969 年的一部电影，尽管卢瓦隆取这个名字时还没看过此片——跟他的服装风格就很接近，但在卢瓦隆看来并非如此。

"我们都得穿衣打扮，"他辩称，"但有些人只爱追当季潮流。我并不觉得一个穿着 18 世纪海盗服装的人，会比一个完全照搬时尚博主推荐的嬉皮

士风格来穿搭的家伙看起来更不自然。这也关系到你能干成什么，以及你希望为他人留下些什么。就看你怎么理解了，只要你自己觉得好，别让你的伙伴难堪就行，至于别的嘛，爱谁谁咯。"

也许这就是为什么牛仔裤只是 Mister Freedom 服装王国的一部分：一个支柱，而非真正的基础。当然，卢瓦隆的个人背景也有助于他得出这一结论。他解释说，他的祖国在法国，自 20 世纪 60 年代和 70 年代法国开始大量进口牛仔裤以来，这种服装在很大程度上被视为一种时尚产品。事实上，Chevignon 与 Chipie 等打造时尚生活方式的法国品牌将是日本粗斜纹牛仔面料的首批购买者，这种面料和剪裁方式并没有因为与工作服的联系而被视为具有历史意义，毕竟法国在功能实用性服装方面有着自身悠久的传统，比如采用厚毛头斜纹棉布（moleskin）或亚眠丝绒（velour d'Amiens）制成的蓝色工装夹克和长裤。

这在一定程度上解释了为什么日本牛仔品牌 Sugar Cane 在 2006 年第一次与卢瓦隆接洽，希望他设计一条牛仔裤并在日本生产及销售时，他设计出的作品是如今备受收藏者追捧的 7161 型工装裤（7161 Utility Trousers）——与五袋西部样式的标准概念大相径庭，以至于被人称作 "Frankenjeans"。他的设计方法是从一个细节、一小块面料样品或一张老照片入手，创造出一件 "新式复古" 服装，而非单纯地复制。

卢瓦隆承认，他喜欢牛仔裤的原因有很多：靛蓝的褪色特性（尽管他直言不讳地表达了对预洗 / 做旧牛仔裤的不屑）、它作为工作服的历史，以及它在美国国家建设中的地位。卢瓦隆说，在美国，"一些人依然认为牛仔裤是反叛制服"。但他对牛仔服装的商业潜力持怀疑态度。"五袋牛仔裤很赚钱，而且对一个品牌来说，要参与这场狂热的逐利游戏也很容易，"他解释道，"牛仔服装肯定比萨维尔街的定制西装更易于购得。人们会购买那些经过生产和广告宣传的产品。好莱坞也功不可没，在各种设计工作室里，你找不到一块没有别上白兰度或麦奎因照片的灵感板。"

的确，卢瓦隆对牛仔裤本身的冷静态度令人耳目一新。他说自己之所以穿牛仔裤，是因为它让自己在生活的大部分时间里都觉得很舒服，他选择这样穿——他的工作性质不需要他西装革履，穿得很正式——还因为在早上穿衣服的时候不用费太多脑筋。但他也表示，牛仔面料只是纺织品世界里一种有趣的织物。他说："对我来说，牛仔面料是一种棉质斜纹织物，它不是一种生活方式，也不至于让我痴迷。"他又打趣道："如果消费者想要看起来像个伐木工、牧场主或者 20 世纪 50 年代的摩托车手，一条牛仔裤就能帮他们获得与旧时的艰苦劳动以及'粗犷的男子气概'有关的些许称赞，这肯定比成日跟这些人混在一起容易得多。"■

➡ Mister Freedom
品牌创始人克里斯
托夫·卢瓦隆在亲力
亲为地投入工作。

牛仔裤
成为主流时尚，
设计师品牌牛仔裤
崭露头角

JEANS BECOME
MAINSTREAM FASHION
AND DESIGNER JEANS
EMERGE

在 20 世纪 50 年代和 60 年代，牛仔裤代表了反建制、和平、爱与和谐。到了 20 世纪 70 年代，它拥有了不同于以往的内涵。伴随着风靡一时的迪斯科舞步，牛仔裤也开始变得性感起来。此刻，人们更渴望拥有的是一种造型，而不是一套制服。这一切最终将牛仔裤推上主流时尚单品的舞台，设计师品牌牛仔裤也随之应运而生。

20 世纪 90 年代初，Tellason 品牌创始人托尼·帕特拉与他后来的妻子在旧金山开设了一家服装精品店。他回忆道："开业后不久，一位女士走进店里，向我们询问是否有一个叫 'Claudio Agnelli' 的本地牛仔裤品牌。由于当时还没有互联网，这位女士的要求随即引发了一场电话寻人大战，大家翻遍电话簿，四处搜寻这个品牌背后的设计师——克里夫·阿比（Cliff Abbey，旧金山湾区牛仔传奇人物，曾效力于 Sticky Fingers 和 Claudio Agnelli 品牌）——他曾为爱之夏运动（Summer of Love）中的嬉皮士们设计制作牛仔裤（喇叭裤、橙色缝线贴袋等）。"

实际上，到了 20 世纪 70 年代，牛仔面料已经无处不在，你能想到的所有服装几乎都可以用它来制作，包括西服套装、连衣裙以及连体工作服（coverall）等，大众汽车甚至还推出过牛仔甲壳虫车型（Jeans Beetle，车身饰有"牛仔裤"字样，采用牛仔面料制作内饰，配有对比色缝线和前排座椅"后袋"）。设计师

们也喜欢在牛仔面料上尝试各种装饰缝线以反映当时浮华绚丽的审美趣味。2006 年，詹姆斯·沙利文（James Sullivan）作出了如此评价："服装营销的快餐时代"。牛仔裤就像快餐一样，每个人都会购买，根本无需顾忌年龄、社会地位、性取向或者个人音乐品味。1971 年，李维·施特劳斯被授予科蒂时尚评论家大奖，以表彰他在全球牛仔服装界的影响力，而此时距他离世已有将近 70 年。牛仔服装正式成为一种备受推崇的时尚服饰。

这并不代表牛仔服装已完全丧失其反主流文化的优势。例如，纽约的马尔科姆·麦克拉伦（Malcolm McLaren）和伦敦的薇薇安·韦斯特伍德（Vivienne Westwood）策划了朋克造型。电视乐队（Television）的贝斯手理查德·赫尔（Richard Hell）会刻意身着破洞牛仔裤出现在纽约市鲍厄里街的 CBGB 酒吧。来自皇后区的一群骨瘦如柴的男孩是麦克拉伦精品店（这里指麦克拉伦和薇薇安·韦斯特伍德在伦敦切尔西国王路开设的一家时装精品店）的常客，他们后来组成了"雷蒙

↑ 20 世纪 70 年代末和 80 年代初，Calvin Klein 以及其他一些设计师品牌都深谙此道：再没有比"性感"更大的卖点。

斯乐队"。正如文化评论家詹姆斯·沙利文所说，性手枪乐队（Sex Pistols）就是在精品店里孵化而出，由韦斯特伍德一手打造的乐队造型。尽管如此，设计师品牌牛仔裤的诞生，依然是 20 世纪 70 年代牛仔服装界最重要的一件大事，它们最初的目标群体是女性。

女性创造了设计师品牌牛仔裤市场

设计师品牌牛仔裤从本质上说是为满足女性市场而诞生的。为女性设计牛仔裤也并不是什么新鲜事。自 20 世纪 30 年代观光牧场成为一些生活富足的都市人群的度假胜地以来，就有了专为女性设计制造的牛仔裤。1934 年，Levi's 公司推出了女性牛仔系列 Lady Levi's。在第二次世界大战之前的几年里，美国成衣时装产业一直依赖法国输入。由于战争中断了法国的服装供应，一些美国设计师趁势抓住了这一机遇。在当时的时代精神感召下，人们自然而然地转向使用牛仔面料等更耐用的织

物，克莱尔·麦卡戴尔（Claire McCardell）便是其中的一位设计师，她创造了后来所谓的"美国风尚"[the American Look，与迪奥 1947 年的"新风貌"（New Look）分庭抗礼]。麦卡戴尔对时尚的兴趣源自她母亲从巴黎进口的各种服装，还有她对自己的兄长们在 20 世纪第二个十年青少年时期所穿着的那些服装的迷恋。她设计的女装价格公道，将战前女性服装的优雅气质与牛仔面料的实用性完美地融合于一体。但正如弗朗索瓦·吉尔博所言，麦卡戴尔并不是在制造名牌牛仔裤。不可否认，麦卡戴尔拥有巨大的时尚影响力，但她所做的只是将牛仔面料重新用在其他服装上，与设计师品牌牛仔裤则是完全不同。

在 20 世纪 60 年代，Levi's 品牌的牛仔裤年销量已高达 1 亿条，法国高级定制时装界为此专门派遣潮流侦查员去往蓝色牛仔裤的故乡一探究竟。沙利文认为，伊夫·圣罗兰（Yves Saint Laurent）特别喜欢牛仔面料，据说他是首位将这种坚固耐用的面料推向 1969 年时装

秀场的设计师。20 世纪 60 年代末与 70 年代初的嬉皮士运动让牛仔裤成为主流青年制服的一部分,并创造了一种以牛仔面料为核心的中性时装风格,引领牛仔时尚走向万千大众。到 20 世纪 60 年代末,设计师品牌牛仔裤已经在欧洲发展得相当成熟。弗朗索瓦·吉尔博、埃利奥·菲奥鲁奇(Elio Fiorucci),以及阿德里亚诺·戈德施米德等一众时装设计师当时都在尝试设计这种新奇服装。可以说,欧洲人更倾向于将牛仔裤当成一种时尚单品:当最早一批设计师品牌牛仔裤出现时,欧洲大陆上的人们认识并穿上牛仔裤才不过几十年时间。尽管牛仔裤最初被作为一种工作服在欧洲推广销售,但欧洲的青少年群体以及潮流时尚先锋很快便将牛仔裤纳入自己的潮流时尚衣橱,这与美国的情况如出一辙。

设计师品牌牛仔裤大行其道

归根结底,所有牛仔裤都是由设计师创造的。我们之所以讨论设计师品牌牛仔裤,是因为原本并不以牛仔裤设计闻名的服装设计师,也开始把自己的名字印在牛仔裤上。也就是说,在品牌开始制造蓝色牛仔裤之前,设计师就已经确立了自己的声望。

沙利文认为,卡尔文·克莱恩(Calvin Klein)是第一位真正在牛仔裤生产制作方面取得商业成功的名人设计师。从 1973 年至 1975 年,克莱恩连续三年获得"科蒂奖"。1976 年,他开始设计生产牛仔裤,并以 50 美元的零售价格在布鲁明戴尔百货公司(Blooming-dale's)上架销售,然而这款产品最终却以惨败收场。1977 年,Puritan Fashions 公司的卡尔·罗森(Carl Rosen)说服克莱恩再尝试一次,并开出了合同期内先预付 100 万美元现金,之后每年再追加 100 万的条件。这一次,这位美国设计师选择从经典 501 牛仔裤中寻找设计灵感。他把牛仔裤拆开,经过一番仔细研究后决定降低裤腰,并将裤腿收窄。这款牛仔裤在得克萨斯州生产制造,每条生产成本是 7.5 美元,市场零售标价 35 美元,一周之内总共卖出 20 万条。

Calvins 并不是参与这场游戏的唯一一个设计师品牌,当时市场上充斥着大量的牛仔产品。20 世纪 70 年代中期,以制作成衣西装而闻名的穆贾尼集团(Murjani Group)打算进军时尚牛仔行业,美国分公司总裁沃伦·赫什(Warren Hirsh)萌生出制作高端牛仔裤的想法。在被皮尔·卡丹(Pierre Cardin)拒绝后,他转而与格洛丽亚·范德比尔特(Gloria Vanderbilt)达成了一项合作。通过模仿格洛丽亚从 Fiorucci 品牌精品店购买的价格高昂的牛仔裤样式,生产面向大众消费市场、价格更亲民的牛仔裤。这款牛仔裤于 1976 年推出,在范德比尔特的美国"皇室"盛名助力之下,这些魅力四射的牛仔裤取得了成功。尽管格洛丽亚·范德比尔特公开承认了自己的设计灵感来源,但常被人们误认为她是世界上第一位设计师品牌牛仔裤的创造者。与卡尔文·克莱恩一样,范德比尔特也因自身的知名度而广受赞誉。人们都知道她,或者说至少叫得出她的名字,但她也不是第一位制作这种牛仔裤的人——事实上远非如此。

沙利文的研究让他结识了法国人大卫·梅查利(David Mechaly),后者认为设计师品牌牛仔裤是自己的发明。梅查利从小在卡萨布兰卡长大,他的祖父是摩洛哥第一家 Levi's 牛仔裤进口商。他定制了一条 Levi's 牛仔裤,降低了裤腰,收窄了裤腿。由于他的朋友们都想要这种牛仔裤,于是梅查利便将其投入生产,并给牛仔裤贴上了"MacKeen"品牌标签,并在法国里维埃拉(蔚蓝海岸)设立了同名品牌牛仔服饰精品店。20 世纪 70 年代初,来自纽约的音乐推广人杰瑞·勃兰特(Jerry Brandt)当时正在圣特罗佩度假,他很快就注意到了这款流行的 MacKeen 牛仔裤。他给一位投资人打电话,并得到了 5 万美元投资,把他购得的所有 MacKeen 牛仔裤都买下带回纽约,在东 60 街开了一家法国牛仔裤商店,每条售价 65 美元。到了 1976 年,"法国样式"已然成为牛仔裤界的一种现象。梅查利本人在洛杉矶开了一家店,并受到美国大热系列剧《霹雳娇娃》(Charlie's Angels)原班人马的追捧,他们都身穿 MacKeen 牛仔裤。而与此同时，Sasson、Sisley、Closed、Goldie、Jordache 等品牌也在大量生产设计师品牌牛仔裤。

设计师品牌牛仔裤与性感画上等号

设计师品牌牛仔裤所取得的成功，在很大程度上要归功于出色的广告宣传。1978 年，帕蒂·汉森（Patti Hansen）身着 Calvins 牛仔裤侧躺在地上的形象登上了时代广场的广告牌，她后来嫁给了基思·理查兹（Keith Richards）。Calvin Klein 的各种时装广告都充斥着性暗示的意味。1980 年，当时年仅 15 岁的波姬·小丝（Brooke Shields）出镜的一则广告进一步巩固了 Calvin Klein 在设计师品牌牛仔服装界的地位，使其成为当之无愧的卓越制造商与品牌营销高手。在这些广告中，最令人记忆犹新的一段广告词是："你知道我这件 Calvins 下面穿的是什么吗？什么都没有！"沙利文观察到，仅一年时间，产品销售额就从 2500 万美元飙升至 1.8 亿美元。当时有七家地方电视台禁播了这些广告，或将其调整至深夜时段播出。

卡尔文·克莱恩说："牛仔裤就是性感。"但沙利文认为，Calvin Klein 并不是第一个以性感诱惑力为卖点的牛仔品牌，当然，也不会是最后一个。1973 年，刚成立两年的意大利品牌 Jesus Jeans 推出了一则"爱我的人会追随我"的广告，广告画面呈现的是一位身穿超短款牛仔短裤的女性的梨形臀部特写，应该说，这条广告当时并未得到教皇认可。几年后，服装品牌 Jordache 也制作了一则广告，画面呈现的是一位赤裸上身的男性与一位女性骑在马背上踏浪而行的场景，广告词是"你的样子让我更想要了解你"。拥有摩洛哥血统的马西亚诺（Marciano）四兄弟，其家族在历史上一直从事尼姆斜纹布（serge de Nîmes，这种面料是在法国南部城市尼姆用棉纱和羊毛纱织造而成的。尼姆斜纹布是一种坚固、耐用且耐磨的面料，非常适合制作裤子、围裙和衬衫等工作服）的经营。1981 年，他们将法国里维埃拉的十几家精品店抛诸身后，迁往洛杉矶并创立了 Guess 品牌。他们生产出设计有裤脚拉链开衩的石洗牛仔裤，广告攻势则围绕"Guess Girls"展开，其中包括超模克劳迪娅·希弗（Claudia Schiffer）与安娜·妮可·史密斯（Anna Nicole Smith）。他们甚至在沙滩上拍摄上身赤裸只穿一条 Guess 牛仔裤的男模的广告，被物化的男性身体透露出同性亲密的隐喻味道。就连 Wrangler 品牌也推出过一则以竞技表演牛仔汉子拍打女性同伴臀部为主题的广告。很显然，牛仔裤广告中的性暗示无处不在。■

真实的破旧
TRUE WEAR AND TEAR

尽管可能会需要使用一些温和的动力输出手段，但伦佐·罗索决心在街头和时尚界重新掀起牛仔服饰热潮。这位多个牛仔品牌的创始人和 Diesel 品牌的创意者讲述了那些具有数十亿美元影响力的牛仔裤的诞生与背后的创意故事。

↑ Diesel 品牌艺术总监尼古拉·弗米切蒂（Nicola Formichetti）。

当回忆起 20 世纪 70 年代末时，伦佐·罗索说："当时对牛仔裤感兴趣的人并不多，如果你在伦敦这样的大城市跟人谈论牛仔裤，他们会认为你这人很古怪，要么就会觉得你是不是想闹革命。但其实我只是想让牛仔裤变得更时尚一些，并稍微参与了一下这场运动，从未想过牛仔裤有一天会被当成一种奢侈品，甚至出现在红毯上。"

罗索的背景非同一般：他在完成纺织专业学业之后，从 1978 年开始与阿德里亚诺·戈德施米德负责经营的 Genius 集团合作，创立了 Katharine Hamnett Denim、Replay 以及 Diesel 等品牌。1985 年，罗索买断了整个 Diesel 品牌。当时令很多人大为不解的是，罗索公司销售的这些牛仔裤看上去都一副快要散架的模样。当然，那时人们已经开始穿老旧的牛仔裤，但罗索一马当先，协力开创了做旧牛仔裤销售的新理念：破洞的、修补过的、有污渍的，还有褪色的。就这样，他的收入翻了两番，并且通过他的领导才能，他在第一年就缔造了一家价值数百万美元的公司。

"我只是觉得旧牛仔裤比新牛仔裤更有趣，就像住老房子往往比住新房子更有意思一样——它是有生命力的，"自称只穿牛仔裤的罗索这样说道，"一开始，人们只是不理解这种观念，特别是因为这些牛仔裤还卖 100 美元一条，一般牛仔裤根本卖不到这个价格。他们都说我疯了。但如果你能真正说服自己，那你就能赢得别人的信任。"

罗索当初的策略是：主动向零售商提议，如果牛仔裤卖不出去可以退货，只需要给他的牛仔裤腾出一平方米大小的空间，就能让零售商比卖别的东西赚得更多。当然，他们确实赚到了更多。罗索认为，这些牛仔裤的卖点在于它们看起来就有信服力：Diesel 的政策一直是手工做旧——他开玩笑说："你可以用'百得'（Black & Decker）工具做很多事情"——而且能避免使用化学产品，只用水和浮石清洗，不过需要多花点时间、多费点工夫——比较讽刺的一点是，预先做旧处理的牛仔裤是劳动密集型产品，因此价格会比较高。

毋庸置疑，罗索当时准确地洞察了市场。但他也看到，牛仔裤将成为一种态度与生活方式的象征。Diesel 品牌那些开创性的广告——充满冒犯与嘲讽意味，经常取笑其他牛仔品牌全靠牛仔服装的传统和美丽的身材过活——也是对牛仔裤与叛逆相挂钩的一种呼应。"此外，还有一个现实情况是，干这一行你必须始终保持新鲜、炫酷——光有好产品是不够的，"他说，"牛仔裤正在成为一种生活方式，所以我想为这样的一群人服务：他们不希望自己看起来很怪异，既不想

DIESEL
FOR SUCCESSFUL LIVING

DIESEL
ISLAND
Land of the Stupid, Home of the Brave.

DIESEL
FOR SUCCESSFUL LIVING

THE WORLD'S LARGEST EXPORTER OF SEXUAL ENERGY.
(Alternative, but not always clean.)

DIESEL ISLAND

Land of the Stupid, home of the Brave.

We are creating a new and

"在我心中，
牛仔裤代表叛逆，
它是蔚蓝晴空，是周末，
更是自由。"
**DENIM FOR ME IS
REBELLION,
THE WEEKEND,
AND BLUE SKIES.
IT'S FREEDOM.**

脱离常规，又想在常规下保留一点与众不同的地
方，形成一个志同道合的群体。"

　　罗索还预测，整个 20 世纪 90 年代将见证高
端牛仔时装市场的稳步崛起。他推出了一个细节
非常精细的复刻牛仔系列 Old Glory，当时一些日
本制造商也在做同样的事情。然而，通过收购高
端设计师品牌 Maison Margiela 和 Marni，他看到
了一条引领牛仔裤迈向新市场的新途径（并为其
注入了更为理性的设计师精神），这为他的公司
带来了远超 10 亿欧元的收益。

　　罗索说："我不是设计师，而是企业家，但
我能看到事物的发展走向。"他的母亲曾是一位
缝纫女工，他 15 岁那年就用母亲的缝纫机做了人
生中第一条牛仔裤，之后又多做了几条卖给他的
朋友。"我一直都在跟与牛仔裤打交道，因为我
很喜欢它们。在我心中，牛仔裤代表叛逆，它是
蔚蓝晴空，是周末，更是自由。"■

挑战极限
PUSHING THE LIMIT

牛仔产业的一些业内人士喜欢称阿德里亚诺·戈德施米德为天才。"嗯，我就一笑了之，"他说，"但我人生中确实花了很多时间来思考，工作中也没少跟牛仔面料打交道，至少从这个角度看，我确实算个领导者。不过，这些时间花得很值。"对此，任何一个对牛仔面料感兴趣的人都会赞同。

"我很讨厌时尚，至少从消费者的角度来说是这样。
我很保守，但又热爱创造。"
I HATE FASHION, AS A CONSUMER AT LEAST.
I'M VERY CONSERVATIVE BUT LOVE CREATIVITY.

1978 年，阿德里亚诺·戈德施米德与合作伙伴共同创立了 Diesel 品牌，以及他个人的牛仔品牌 AG 和 Goldsign。同时，他在其他一些牛仔品牌的发展历程中也发挥了作用，其中就包括 Replay、Evisu、Citizens of Humanity 以及 Gap 1969 牛仔系列。但他并不执着于其中任何一个品牌，他形容自己是个"叛逃者"，只对当前的项目感兴趣，只要它充满活力——"所以一旦它发展得太过庞大，我就会失去兴趣，"他说，"我不是太忠诚，我甚至连我自己品牌的牛仔裤都没穿过，我只穿 Levi's。这可能是对我事业的一个非常糟糕的评价。但问题是，坦白讲，我很讨厌时尚，至少从消费者的角度来说是这样。我很保守，但又热爱创造。"

戈德施米德是最早将这种工艺精湛的牛仔裤重新设计为时尚单品的设计师之一，他设计的牛仔裤也是 20 世纪 70 年代欧洲华丽摇滚风格的组成部分。他回忆说，当时他去找零售商谈合作，但它们断然拒绝了这些产品，因为当时牛仔裤的名声很糟糕。他是第一批开拓高端牛仔面料新兴市场的人之一，他可能会被认为是利用水洗与后整理工艺让牛仔面料产生某种特定效果的先行者之一——用他的话来说就是，"用牛仔面料作画布，让画家描绘破旧"（当时所有的牛仔面料都是深色且未经加工的，戈德施米德养了一条黑色拉布拉多猎犬，但腿是白色的，这是他在自家后花园里拿漂白剂做试验的结果）。同样他也被视作开启牛仔面料制造业可持续发展与社会责任相关对话的先驱人物。

"在我的一生中，我可能对许多生态灾难都负有责任，"他说，"一想到真的有人为了制作一条牛仔裤，而在某些处理工序中——比如喷砂——丢了性命，我就觉得这太可怕了，真的太可怕了。这个行业必须好好清理整顿。"

换句话说，戈德施米德——就像他所解释的那样，当牛仔裤以一种"创新一代的制服与叛逆的旗帜"的身份被重新发现时，他正值青春年少——是牛仔产业进步的守护神。他声称尊重牛仔服装的历史——"它是人类历史的一部分，"他说，"尤其扎根于美国人文深处"——但他认为这是一种可以值得借鉴的品质。他说他无法理解男性对传统牛仔的那种痴迷。"我总会站在新事物那一边。"他说。这就是为什么对他而言，牛仔面料可以拥有 360° 的弹性，可以变为针织而非梭织面料，但依然是名副其实的牛仔面料。

"当然，从技术上讲，它不是牛仔面料，"他说，"但就我个人而言，我不在乎。我关心的是消费者的需求，对他们来说，它是靛蓝色的：它有牛仔面料的特性，比如会褪色，因此它还是牛仔面料，但更舒适。这就是关键——对于牛仔面料的解读总是开放的，所以它可以与某些新的生活方式相呼应，这也是它保持活力的原因。否则牛仔裤就会变得很无聊——翻来覆去多多少少都是一样的东西。"

事实上，纺织设计学才是他的创作根源所在，他说，每一季伊始，他就会对接下来应该做什么感到无比恐慌，但最终会发现，在挖掘织物面料

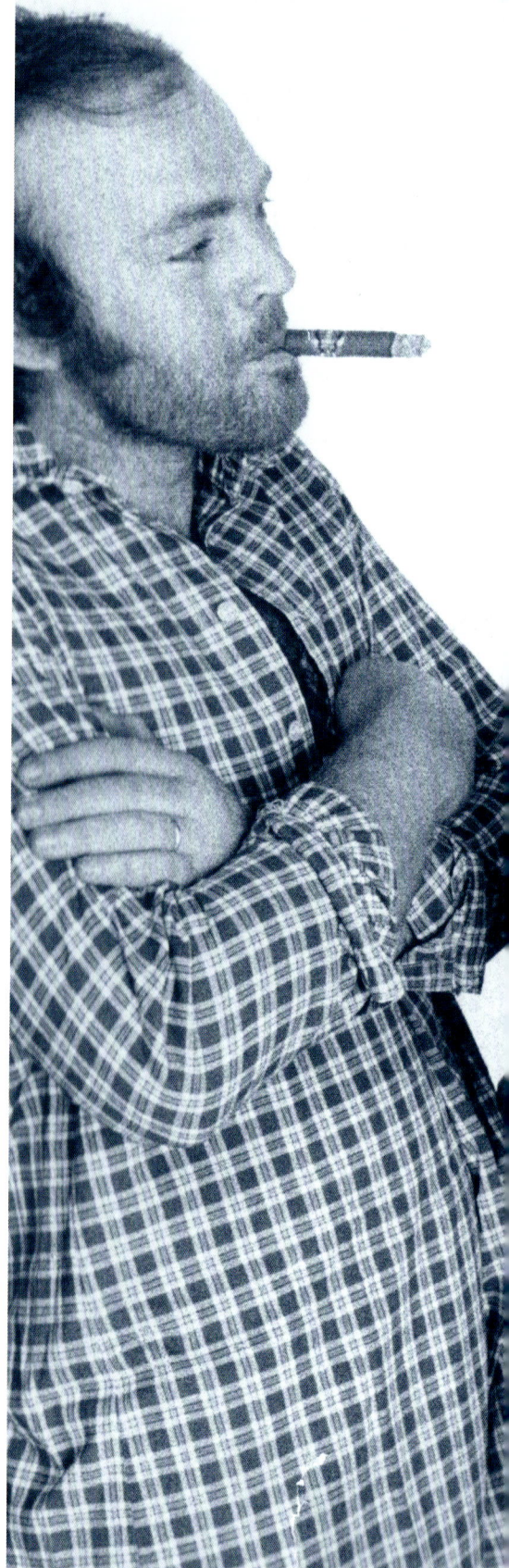

↑　20 世纪 70 年代初期，阿德里亚诺·戈德施米德与在科尔蒂纳丹佩佐开设的第一家商店 Kings Shop 的店员合照。

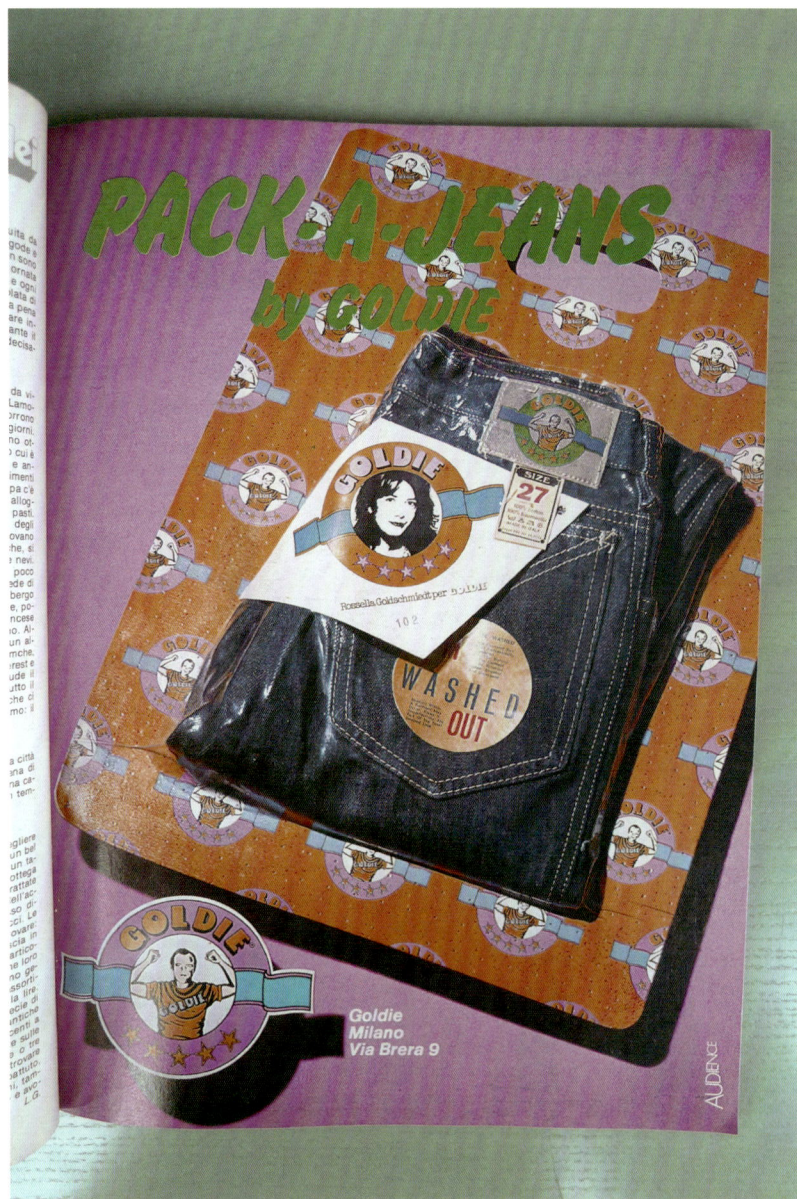

PACK·A·JEANS by GOLDIE

GOLDIE
27
WASHED OUT

Goldie
Milano
Via Brera 9

IL FOLK COME LO VEDE UN GRUPPO D'AVANGUARDIA

ARRIVANO LE IDEE DELLE BRIGATE SUPERCOLORATE

Nuovo complotto contro la «burocrazia» della moda troppo ufficiale, stereotipata, predeterminata: ecco gli abiti per «épater les bourgeois», per provocare, strabiliare. Li ha creati il nuovo gruppo di moda d'assalto «Daily Blues», una casa giovane che vuole movimentare le acque della moda con una ridda di idee eclatanti che non possono non colpire subito nel segno: nella foto ecco

的新潜力或制作方式的探索过程中，新设计会自然而然地浮现出来。"我不是那种喜欢拿着笔和本子坐在那里，然后把想做的东西画出来的设计师，"他说，"对我来说，创新的力量其实就蕴藏在这些纺织品之中，在牛仔面料悠久漫长的历史中，即便这种创新直到最近一段时期才短暂地出现过，但也是真实存在的，并且这样的创新趋势会越来越明显。放在以前，一个关于牛仔面料的新创意可以持续十年，但现在最多只有六个月。"当然，全世界大可放宽心，戈德施米德一定能成为他口中的"新淘金热的领袖人物"，无论这股热潮是什么。他也承认，这其实表明，自1970年他设计出第一条牛仔裤以来，这个世界发生了巨大的变化。那条牛仔裤可能已经不符合今天的牛仔发烧友的时尚口味了，因为那是一条大喇叭裤，还是亮粉色的。∎

古着牛仔服装与传统时尚的兴起

THE RISE OF VINTAGE DENIM AND HERITAGE FASHION

每一个有哥哥姐姐的人可能都穿过他们传下来的旧衣服，而年轻人通常会选择购买更便宜的二手服装以打造自己的风格。从 20 世纪 70 年代开始，一些日本牛仔爱好者便一直在搜集"原版"二手 501 织边牛仔裤，最终为古着牛仔服装的兴起拉开了序幕。

无梭织机成为古着牛仔服装的催化剂

大约一个世纪以来，Levi's 一直是全世界最具影响力的牛仔品牌，也是被竞争对手们争相模仿、备受几代人推崇景仰的里程碑。20 世纪 70 年代，Levi's 和其他原色牛仔裤生产制造商面临着石油危机结束后市场竞争日趋激烈和生产成本不断攀升的困境。因此，它们开始在生产中实施成本缩减措施以保持竞争力与毛利率。20 世纪 70 年代末，设计师品牌牛仔裤变成一桩大生意，与此同时，用于制成 501 牛仔裤的面料品质开始下降，靛蓝染料中混入了硫，环锭纺纬纱被质地更毛糙的自由端纺纱所取代，也因此催生了对"原版"牛仔裤的市场需求。而当织边牛仔面料被淘汰时，故事才刚刚开始。1983 年左右，当撞钉蓝色牛仔裤的发明者将他们著名的有梭织机织造的 XX 批号织边面料换成了大众市场常见的宽幅织机织造的 XXX 批号牛仔面料时，Levi's 501 牛仔裤失去了最后一点"纯真"（注：在被称为 501 之前，XX 是 Levi's 501 牛仔裤的名称，表示"extra, extra strong"，反映了牛仔裤作为工作服的地位。Levi's XX 牛仔裤最初只有一个后袋，1901 年增加了第二个后袋。1890 年，这些裤子被重新命名为 501，以指代特定

的批号。为了纪念这些原色牛仔裤，Levi's 于 2009 年重新推出了 XX 这个名字）。尽管这只是拼图的一小块，但这个决定最终让人们重新燃起了对原版牛仔裤的兴趣，进而催生了今天的传统牛仔时装，以及随之而来的林林总总的牛仔品牌。

不过，就在这一切发生的时候，大多数消费者其实并未留意到牛仔裤构造方法上的这些变化。事实上，牛仔面料生产技术的进步带来了价格更便宜的牛仔裤，许多人都对此表示欢迎。并且，除了随之而来的产能提升以外，制造商还将自由端纺纱与宽幅织机纺织生产视为解决一些产品缺陷的方法，比如环锭纺纱的竹节特征和梭织牛仔面料的不均匀质地。

谈到牛仔面料的这种转变，有必要提及的是在 Levi's 公司推出由宽幅织机织造的牛仔面料制成的 501 牛仔裤之前，大多数品牌其实早已开始推广梭织牛仔面料。十几年来，橙标系列和 505 牛仔裤都采用非织边牛仔面料生产。不过，当 XX 批号织边 501 被淘汰出局之后，一些牛仔鉴赏行家开始意识到，新款 501 还是不如原来的老款好。

转向使用更宽幅的织机实际上是一个经济问题。即使 Levi's 和其他一些原版牛仔服装制造商已经预见到古

古着牛仔服装商店就像是可触摸的牛仔面料历史博物馆。

着牛仔与织边牛仔裤的繁荣，它们也不可能参与这场游戏。

在 20 世纪 80 年代初期，经济处于衰退的边缘，这是一个完全合乎理性的商业决策，它几乎在瞬间刺激了对织边 501 牛仔裤的需求。当原始的成分发生改变，而一家公司又如此卖力地宣传自己是"原版"时，只会适得其反，这几乎是不可避免的。想想可口可乐公司在 1985 年推出"新可乐"（New Coke）时遭受的冲击就会明白这个道理。

搜寻牛仔服饰成为大生意

大卫·利特尔（David Little）认为，在 20 世纪 70 年代末，日本人最先留意到牛仔面料上的变化，此时他们也开始大量囤积古着牛仔服装。

例如，东京一家名为 Banana Boat 的古着牛仔服装商店的老板平野健二（Kenji Hirano）从 20 世纪 70 年代就开始进口美国牛仔裤，他也是首批四处搜寻原版蓝色牛仔裤的人之一。古着牛仔服装"拾荒者"们穿越美国腹地四处搜寻旧牛仔裤，并将它们运回亚洲，主要是日本与泰国。蓝色牛仔裤是美国人的创造，而传统牛仔时尚则始于日本。

利特尔解释说，那些在美国西部以及中西部地区的

乡间小路上旅行的日本牛仔搜寻者收获了如此多的（廉价）古着牛仔服装，原因有二：其一，卖家没有意识到他们出售的这些衣物的价值；其二，供应充足，由于大萧条时期遗留的创伤这个时让农民们隐隐作痛，因此，他们的很多旧物品都没扔掉。美国摄影师、古着牛仔搜寻者埃里克·克瓦泰克（Eric Kvatek）也在马克思的著作《美式传统：日本如何拯救美式风尚》中指出："那个时代的许多工人相继离世，他们的旧衣物从地下室里被搬出来，之后被送去旧货商店。"

许多人都从对古着牛仔服装的需求中获益。有些公司，比如 Farley Corporation，在古着牛仔服装生意上赚得盆满钵满。对其他人来说，这是一种将激情转化为事业的挣钱方式。布里特·伊顿（Brit Eaton）是为数不多的一些仍能靠搜寻古着牛仔谋生的原色牛仔服装搜寻者之一。就像美国 1849 年淘金热时代的淘金者一样，伊顿也在各种阁楼、地下室以及废弃矿井中搜寻自己的蓝色黄金。

除了从搜寻者和零售商那里购买古着牛仔服装，跳蚤市场也一直是古着牛仔服装的交易中心。加州帕萨迪纳的玫瑰碗（Rose Bowl）球场可能是最著名的古着牛仔服装跳蚤市场。从 1968 年开始，市场老板兼创始人

理查德·加里·坎宁（Richard Gary Canning）会在每个月的第二个星期天将这座城市的球场变成一个古着牛仔的乌托邦。第二次世界大战以后，跳蚤市场才开始在美国生根，但特别是在 20 世纪 80 年代古着牛仔服装的热浪席卷之下，诸如"玫瑰碗"一类的市场已经成为买卖双方重要的交易场所。

古着牛仔服装的商业繁荣

二手牛仔裤对牛仔时尚的全球传播起到了至关重要的作用。最早在欧洲与日本出现的蓝色牛仔裤就是二手货。最终，正是这些二手牛仔裤促使了这些市场开始自行生产牛仔裤。

20 世纪 80 年代初期，据时尚潮流专家艾伦·克鲁泽的评论，"欧洲出现了大量售卖美国二手牛仔裤的古着服装店"。伦敦的"美国经典"（American Classics）古着服装店、阿姆斯特丹的古着服装商店，以及意大利北部的 A.N.G.E.L.O. 等商店率先开疆辟土，伦敦的卡姆登市场、波多贝罗路，以及巴黎的克利尼昂库尔（Clignancourt）旧货市场也成了重要的古着牛仔服装搜寻场所。连高档百货公司都在售卖古着牛仔服装。它很快便成为青年的主流时尚。

到了 20 世纪 80 年代中期，经济衰退严重冲击了牛仔裤市场，这使得古着牛仔风潮在 1985 年全面成为主流。这便是牛仔的"回归本源"：大量的正宗牛仔服饰、牛仔灵感、20 世纪 50 年代的怀旧风格，以及"艰难时期"的水洗破洞牛仔裤外观。也正是在这几年里，设计师和制造商们意识到可以从古着牛仔服装上获利。

到 20 世纪 80 年代末，Charles Chevignon's Trading Post 和 Chipie's Au Vieax Continent 等一些古着精品服装店在巴黎成立，它们参考了日本的牛仔服装零售模式，复古潮流的时代就此开启新篇章。与此同时，在牛仔裤的发源地，洛杉矶和纽约，却只有寥寥几家古着服装店。1992 年，一场大型牛仔服装拍卖会在法国首都举行。当时出现在新闻报道中的一些商品的惊人售价让普通人意识到或许古着老物件也能值不少钱。

这一趋势催生了若干复古风格的品牌。1980 年左右，阿德里亚诺·戈德施米德对古着牛仔裤产生了兴趣。根据保罗·特伦卡的说法，戈德施米德与博洛尼亚的 Martelli（意大利牛仔水洗后整理工厂）一起开创了牛仔服装后整理加工行业。他的品牌是最早使用仓敷纺织公司出品的织边牛仔面料的品牌之一，也是第一个应用极具说服力的工业褪色工艺的品牌。

1991 年，Diesel 品牌推出了 Old Glory 系列，这是市场变化的另一个标志。这些服装在很大程度上受到了前设计师时代原始风格外观的启发，它们采用的是日本与意大利生产的高端牛仔面料。通过复刻 Levi's 复古牛仔风格，Replay 品牌打造出了原汁原味的精选牛仔系列。在法国，Chipie 也紧跟古着牛仔潮流，最终促使拉夫劳伦公司（Ralph Lauren）于 1994 年推出 RRL 系列。然而，到这个时候，随着运动服装异军突起，古着牛仔服装热潮在欧美地区开始逐渐走向衰退。

古着牛仔：浓缩就是精华

当传统牛仔服装热潮在日本如风驰电掣般迅猛发展之际，欧洲和美国的街头服饰风格却让牛仔裤快要"透不过气来"。到 20 世纪 90 年代中期，巴黎的古着服装店纷纷关张倒闭，RRL 系列也仅在日本有售。这意味着古着牛仔服装最终被浓缩为一部分狂热爱好者的小众市场，他们一直穿着这些具有原汁原味风格的牛仔裤。Levi's 为迎合这一利基市场改进了自身产品，1999 年，Levi's 经典复刻系列与 Levi's RED 正式登场亮相（尽管 Levi's 自 1996 年以来一直都在生产复刻版织边牛仔裤）。

艾伦·克鲁泽曾说："面对复古牛仔潮流的冲击，Levi's 急需提升自身产品的可信度。同时，这也为它带来了机遇，使其得以与 Diesel 等新兴的专业牛仔品牌拉开距离，因为时尚意见领袖们又再次穿上了'原版'牛仔裤。"

在日本，经典五袋牛仔裤已成为衣橱中必备的时尚单品。但在 20 世纪 90 年代初日本及亚洲其他地区陷入经济困境后，对古着牛仔服装的进口需求就一直停滞不前。此外，美国古着牛仔服装的价格越来越贵，一方面是因为在需求旺盛的同时，供应却在不断萎缩，另一方面则是因为泰铢崩溃、日元走弱。马克思认为，这与 20 世纪 70 年代初尼克松政府的经济举措让美国牛仔裤的售价在蓬勃发展的日本市场居高不下的情况类似，20 世纪 90 年代初的情况是对日本国产牛仔裤需求不断增长，这一趋势最终助力日本传统牛仔时尚在迈进 21 世纪后占据主导地位，迈出了最关键的一步。

今天，织边牛仔裤的粉丝们应该感激 Levi's 公司当初淘汰有梭织机生产的 501 款牛仔面料的决定，这一决定成为复古牛仔时尚的起点，并最终为复刻品牌开辟出一个可行的利基市场。虽然 Levi's 可能并不觉得这种讽刺很有趣，但就在 Levi's 的品质走下坡路时，日本复刻商正在重新燃起对原版风格与生产制造工艺的热忱。结果就是：牛仔产业的势力天平开始从欧洲和美国向日本倾斜。∎

三句话不离本行
SHOP TALK

很少有人声称自己整个职业生涯都在跟牛仔裤打交道，但埃里克·戈德斯坦（Eric Goldstein）却是其中之一。戈德斯坦在 22 岁那年通过校园招聘进入拉夫劳伦公司，负责品质控制，而职业生涯发展中的一次顿悟，最终促使他创立了自己的品牌：Jean Shop。

年纪轻轻的埃里克·戈德斯坦如此热衷于参观工厂——尤其是那些涉及牛仔面料、皮革、或其他会随时间而发生变化的材料——以至于他一进入拉夫劳伦公司牛仔产品部门，就开始不断尝试各种处理工艺。实际上就是用干洗工艺（dry-side process）取代湿洗工艺（wet-side process）来处理牛仔面料——说得再简单些，通过调整干洗方法来制造做旧效果——戈德斯坦发现其实自己不经意间就为公司贡献了一种后来获得了专利的技术。"按照合同，我本该因提出这个想法得到奖励，但我从来没有得到过，"戈德斯坦说道，"我偶尔会碰到拉尔夫，但我从来没跟他提过这件事。"不过，这也确实让他得到了为 RRL 新产品线开发牛仔面料的工作。

"我上中学时学到了一点，专注细节就是一切：关心产品最小的细节，其他一切自然会迎刃而解，"戈德斯坦说，"我记得当时我把这些牛仔裤拿给拉尔夫看，之前我费了好大工夫才把它们处理得当，但他看了看，说它们看起来不够真实，我可以做得更好。我当时非常沮丧，但他说的没错。"

然而，戈德斯坦对牛仔面料的专研并未就此结束。1993 年，戈德斯坦发现自己已经站在这个新兴的高端行业的前沿——事实证明，他太过前沿了，因为他对织边与年代细节特征的所有研究都远远超前于市场，无法证明他的研究能否取得成功——随后，戈德斯坦转投 Gap 公司，这是当时全世界最大的牛仔裤制造商之一。他说："在 RRL，每季大概只生产 100 条牛仔裤。而在 Gap，每周能生产 15 万条。"正是在 Gap，戈德斯坦才得以开发出后来的 1969 产品线——这是该品牌首次涉足织边牛仔产品。

"如果说在 Gap 公司有什么经验教训的话，那就是对规模经济的认识，我知道了制造一条牛仔裤的实际成本，以及理解了人们真正关心什么和不关心什么，"戈德斯坦解释道，"人们首先希望的是这条牛仔裤能穿，然后才希望它是原汁原味的、正宗的。他们不会太在意隐藏的撞钉细节或扭曲的裤腿。"

2003 年，这种意识促使戈德斯坦最终创立了自己的品牌：Jean Shop。他的目标是制作超朴素、超简洁，但同时又超优质的牛仔产品以及皮革制品，并且都在美国生产。这倒也不一定是出于某种爱国情怀，而是因为他已经习惯了。戈德斯坦说："这在一定程度上是为了挖掘牛仔裤的历史，当然，实际上，这与品质控制息息相关，这也是我的老本行——我的座右铭是'一步到位'，或者说，要买就尽量买最好的。"对戈德斯坦来说，这意味着织边牛仔也并非不合时宜的怀旧。

"这实际上是一种更好的产品，"他毫不夸张地说，"没有包边，接缝更平整，因此会更合身，而且还会产生一种独特的纹路，所以看起来会更漂亮。当然，我们刚起步那会儿，市场对于高端牛仔裤还没有太大需求，消费者大都对 Gap 的产品很满意，但也会有许多来我们店里的顾客对我们的产品理解不了和欣赏不来，不过没关系，我们的产品其实也不是面向所有群体。不过现在已经有足够多的人开始理解了。"■

> "人们首先希望的是这条牛仔裤能穿，然后才希望它是原汁原味的、正宗的。"
> PEOPLE BASICALLY WANT JEANS TO BE WEARABLE BEFORE THEY WANT THEM TO BE AUTHENTIC.

➡ Jean Shop 品牌创始人埃里克·戈德斯坦。

印第安纳牛仔
INDIANA JEANS

布里特·伊顿是一位真正的牛仔服装搜寻者，他的寻宝足迹遍及矿山、废品回收场、废弃城镇，一路搜寻着靛蓝宝藏。想要跟上他的步伐，你得具备敏锐的眼光，了解历史，还要伶牙俐齿。看看他如何寻到一条价值数千美元的真正的古着牛仔裤。

"他曾经跟人夸口说自己有一台'幽灵探测器'，想帮他们检查一下家里是否有'脏东西'，完了再敷衍一句'没事，很干净'。接下来，便话锋一转，开始打起栏杆上那件看起来很酷的牛仔夹克的主意。"

HE HAS TOLD PEOPLE HE HAS A POLTERGEIST DETECTION MACHINE AND WANTS TO CHECK THEIR HOME, ONLY TO GIVE THEM THE ALL-CLEAR AND TURN THE CONVERSATION TOWARDS THAT GREAT DENIM JACKET ON THE BANNISTER.

➡ 布里特·伊顿的牧野之家。

旧谷仓、老阁楼、废弃矿场、小木屋、废品回收场，还有几十年前就已停业的老店铺后门，布里特·伊顿对这些地方可谓了如指掌。他对一些位于沙尘地带的早已被世人遗忘的老村镇十分熟悉。每个月他都会花上十天时间，开着他那辆皮卡车东奔西跑，凭着各种线索和直觉搜寻古着牛仔服装和其他一些旧工作服。之后，他会将寻到的一些衣物卖给收藏家、博物馆，甚至拉夫劳伦等品牌设计师。剩下的另一些则用来填补 Levi's 和 Dickies 等品牌的存档。也难怪，他为自己赢得了"印第安纳牛仔"（Indiana Jeans）的绰号。

"从前，每当我发现一件珍宝，我的第一反应通常是它值多少钱。但现在我的觉悟提高了，"这个拥有堆满两层仓库且价值数百万美元的珍稀牛仔裤的男人说道，"现在我的反应是'天呐！——我从没见过这个！'我能理解这种'付出胜于索取'的内心冲动，因为我马上就会想到一些人会从中获得极大的快乐。"

伊顿一开始并没有打算做牛仔服饰经销商。他是个都市流浪汉，喜欢投机取巧，还经常从美国向欧洲出口哈雷·戴维森摩托车——他会骑着一辆哈雷摩托车到处转悠，直到有人肯出两倍价格把它买走。但后来的一次肋骨受伤经历让骑行变得很不自在，而且，无论他走到哪里，人们都会要求他捎两条 Levi's 古着牛仔裤。一旦回到家里，他就跟很多人一样，开始交易旧牛仔裤，而他对"旧"的理解也让他在众多卖家中脱颖而出。

"20 世纪 90 年代初，当时的牛仔裤交易就像一场疯狂的饕餮盛宴，每次旧货店上架牛仔裤，里面都会有 50 条 Levi's 的'大 E'（Big E），"伊顿回忆道，"但凡我在旧货店里看到稍微长得有点像日本人的家伙，我都会拉着他们，带到我的汽车后备箱旁边给他们看我的货。我讨厌做一些大家都在做的事。通常，大多数卖家都会把有破洞的东西扔掉。但我不会。不管好的、坏的、难看的，我都卖——并且会留意到谁有这方面的需求。"

伊顿不知不觉对这些具有历史意义的衣物产生了越来越浓厚的兴趣，而寻找它们也成了他的一种执念。后来，即便一些有价值的发现也不再像从前那样让他兴奋——他想要博物馆馆藏级别的牛仔服装。

　　"越老越好，越难找到的越好，"他说，"虽然我喜欢牛仔服装，但我并非痴迷于此。我不太懂面料的盎司重量或者织造工艺这类知识，但是，每当我看到一件不知道是什么的东西时，那就是我最兴奋的时候，你知道那种感觉吗？就是满脑子都在想的那种感觉，从统计上看男人想得最多的那种情况？哎！算了，不想这个了……"

　　幸运的是，他取得了重大突破，让他能够稍微摆脱那种朝不保夕、勉强度日的生活窘境：他发现了一批 1910 年前的牛仔裤，总共 300 条。

　　"我不知道现在世上是否还有那样的东西，"他若有所思地说，"但只要一想到可能还有，我就有力气继续找下去。"他的眼光也因此变得更加敏锐。伊顿说，他每次出行前都会花很多时间做

研究——阅读关于那个时期的一些书报杂志，以便得到更多线索，比如研究 19 世纪美国的淘金热以及工业史——然后动身前往西部地区（该地区空气湿度低，所以一些古着服装很可能因此被完好地保存下来）四处搜寻。

　　一方面，他依靠一种盲目的信念——"你只需带着这样一种信念踏上寻宝之旅：现在这辆空卡车会满载而归，满得连支烟都塞不进去。"他说。另一方面，则依靠来自实践经验的一些直觉。"你得有一种感觉，就是那些穷困潦倒的人会怎么处理他们不再穿的衣物——通常他们都舍不得扔掉。"他说："我在各种地方都找到过旧牛仔裤，它们被塞进沙发里，被用来填充拳击沙袋、塑料人体模特，甚至被塞进稻草人肚子里。所以，当

你开始用一些疯狂的方式去寻找时，就能找到各种东西。"

　　他有时也会发现一些很疯狂的东西：伊顿声称自己发现了一些极其稀有的牛仔服装。他曾以 1.2 万美元的价格将其中一条美西战争时期的斜纹棉布裤卖给了一位日本收藏家，另外一些单品的标价通常也都在 1 万美元以上。对这些东西的狂热让他自己也变成了收藏家：比如，他曾花 1.8 万美元买了一件 19 世纪 80 年代早期的 Levi's 牛仔夹克，这件衣服很不寻常，它的皮标在后腰部位（通常都在领口），上面有一个很引人注目的印章，印着"白人劳工"。他毫不含糊地说："那是件历史文物。我是买给自己的，但如果有人肯出高价，我也可以割爱。"

"你只需带着这样一种信念踏上寻宝之旅：现在这辆空卡车会满载而归，满得连支烟都塞不进去。"
YOU JUST HAVE TO LEAVE ON A TRIP WITH THE CONVICTION THAT YOUR EMPTY TRUCK WILL COME BACK SO PACKED THERE WOULDN'T BE ROOM FOR A CIGARETTE.

这并不是说他行事不够谨慎：伊顿指出，买东西远比卖东西容易。而且，在一个越来越瞬息万变的市场上，即使是最稀有的宝贝也无法确保能找到好买家。尤其是考虑到周围有这么多高品质的复制品——他承认，他最初的发现使复制品成为可能。但这并不妨碍他油嘴滑舌地闯到陌生人家里，把犄角旮旯都翻一遍。

他曾经跟人夸口说自己有一台"幽灵探测器"，想帮他们检查一下家里是否有"脏东西"，完了再敷衍一句"没事，很干净"。接下来，便话锋一转，开始打起栏杆上那件看起来很酷的牛仔夹克的主意。他还对另一个人谎称自己很懂修缮屋顶，只要房主允许他进屋四处看看，他就帮忙整修房顶。其实伊顿对此根本一窍不通，但还是硬着头皮上了。多年后，他与那位（幸运的）健忘的房主重新取得了联系，之后他发现房子里到处都摆满了水桶。"因为几年前有个混蛋把我家屋顶搞漏了。"他的这些借口可能听起来有些古怪，但对很多人来说，请求进屋看旧衣服这件事听起来就更诡异了。

"各种反应都有，"伊顿说，"但人们不让我到处瞎转悠的最主要的原因在于，他们压根儿不相信我是真的在找旧衣服。事实上，他们还会问我到底是干什么的，靠什么生活，因为我所做的事情在他们看来实在太过陌生。当然，其中一些人可能也理解不了，他们扔掉的可能是价值数千美元的旧版牛仔裤。"■

➡ 伊顿在废弃老矿场搜寻古着牛仔裤。

古着精品
FINEST VINTAGE

将古老的魅力融入全新的面料，是 Heller's Cafe 成功的秘诀。对古着牛仔工作服关键细节的精细复刻，在一针一线下，缝成了一幅历史的拼贴图。它目的明确，经久不衰，充满美国独立精神。

拉里·麦考恩（Larry McKaughan）是最罕见的古着服装经销商：尽管他是该领域的世界级领军人物，但他本人却甚少穿古着服装。"我喜欢军装，但如果我把它们穿在身上，我会觉得自己像个骗子，"他说，"这些是人们去战斗、杀戮，甚至牺牲时穿着的衣服。我真的很喜欢牛仔和工装——那种为特定目的而制作的服装——所带来的感觉，无论在设计还是选料方面都绝不轻佻。但我不喜欢那种穿上去像是在重演历史的感觉，当然，对于喜欢这样穿的人，我全力支持，我对简约、现代的服装穿搭也比较感兴趣。"

尽管如此，麦考恩对古着服装本身的兴趣依然非常浓厚。他的事业根基在西雅图——Heller's Cafe〔以他祖父弗雷德·海勒（Fred Heller）在北达科他州开的一间咖啡馆命名，这间咖啡馆于 1946 年关门停业〕——自 2007 年以来，Heller's Cafe 因与 Warehouse & Co 合作推出古着服装复刻系列而声名远扬。麦考恩认为真正的古着服装更像是一种"民间艺术，应该装裱起来，而不是把它穿在身上"。他确实有资格这么说：迄今发现的最古老的一条 Levi's 棕色帆布裤和最古老的一条 Levi's 501 牛仔裤都是经过他手的，这两件服

"古着服装——
一条旧牛仔裤，或者一件
牛仔夹克——
都是有灵魂的。"
VINTAGE CLOTHES—
AN OLD PAIR OF JEANS,
A DENIM JACKET—
HAVE A SOUL TO THEM.

装现在已被收入旧金山李维·施特劳斯档案馆馆藏。

"看看这条二战前的破旧牛仔裤，可能裤子的主人确实别无选择，只好一直缝缝补补，直到把它穿到散架，"麦考恩补充道，"即便在我们看来它是件很美的艺术品，但也应该记住它背后真实的蓝领工人历史。"

"古着服装——一条旧牛仔裤，或者一件牛仔夹克——都是有灵魂的，"麦考恩再次补充道，"但重点在于，我首先是个商人，所以，花 5000 美元买一件衣服，然后因为太过爱不释手就成天把它穿在身上，这种做法并不能为生意带来什么好处，也不能因为喜欢就自己留着。并且，别看很多人在古着牛仔服装这个行当里进进出出，也没少挣钱，可他们其实从来没有真正喜欢过这些东西，但我喜欢，能短暂地拥有并且打理好这些神奇的宝贝还是很令人愉悦的。我经手得太多了，我也从中收获了一些东西。"

事实上，正是"职业 vs 兴趣"这个两难问题促使麦考恩精雕细琢地打造出 Heller's Cafe 复古服装系列——它是复制品市场的标杆，因为它近乎极端地专注于那些不同寻常的款式设计以及精准的年代细节。"总体想法一直都是尽可能做到原汁原味，除了尺码的差别，其他几乎都不会偏离原作，"他解释道，"在某些情况下，织造原始面料的那些机器已经不在了，或者说重新生产这种面料的成本也会让人望而却步。但从其他方面来看，它们也确实够精准，足以以假乱真。"

虽然麦考恩承认，生产这种原汁原味的复制

↑ 拉里·麦考恩，Heller's Cafe 的创始人。

品"稀释"了古着服装市场，但也让人们有机会体验到许多未曾接触过的款式风格。并且，也会给仿品市场造成很大的压力，因为行家们最终会发现，每一处年代细节——诸如弧形袋口口袋、织边一片式门襟、裤裆撞钉、领口扣带（chin strap）——都被做出来了。这就是为什么麦考恩会被真正独特的东西所吸引，因为它们很可能属于独家私人订制，而不是像 Sweet Orr 或 Big Yank 一类的早期工装大众品牌。这也是为什么 Heller's Cafe 的牛仔工装裤在裤腰两侧会设计有调节束带（side-cinch）——而不是在别的地方随处可见那种经典五袋西部样式——本身就具有了一定的收藏价值。

虽然穿这样一身工作服可能带有一丝讽刺意味——麦考恩开玩笑说，他做机械师的父亲每天晚上回家时，牛仔夹克和裤子的口袋里到处都是金属碎屑，此情此景让小小年纪的麦考恩开始期盼自己这辈子能远离艰辛的体力劳动——但这也迎合了 20 世纪后期国际上对美国特色产品近乎狂热的兴趣。麦考恩提出了一个理论来解释为什么这已经成为一种文化现象，为什么其他一些国家（如英国或法国）生产的老式牛仔裤和工作服就没那么受欢迎。

首先，他认为，这和牛仔面料的质量以及用它制成的美国服装有关。20 世纪早期，全世界最先进的大规模服装制造业就在美国，在第二次世界大战之后这种优势变得更加突出。战争摧毁了欧洲的纺织产业与服装制造业，但美国的产业却未受到影响。

"但是，还有一点，那就是'这些美国特色产品是对美国历史的一种表达，它在某种程度上体现了美国是什么，或者将会代表什么——探索新领土、独立精神'这样一种观念，这种观念甚至可能与'美国是二战胜利者'的想法一样，"麦考恩暗示道，"对一部分人来说，它证明了美国的某种优越性。当然，对另一些人来说，就只是因为这些衣服本身太棒了。一条漂亮的牛仔裤，一件工装夹克——它们很难被打败。"▪

新千年的日本牛仔与传统时尚

JAPANESE DENIM AND HERITAGE FASHION IN THE NEW MILLENNIUM

毫无疑问，时尚是个圈。在千禧之交，随着互联网的蓬勃发展，我们都把电脑装进了包里，牛仔再一次变得富有地域特色。它们以小批量形式生产，并由与面料和产品有着密切关联的工匠进行分销。

Benzak Denim Developers 的莱纳特·尼赫在打造他的首个"日本制造"系列时，忘了在一份设计草稿上添加隐藏式撞钉。"当我拿到原型时，牛仔裤上配好了隐藏式撞钉，并且附有一张小纸条，上面写着'您漏掉了隐藏式撞钉'！这就是我选择在日本生产的原因之一。"他说。传统牛仔时尚是由日本品牌引领的，它们试图回归牛仔裤的本源，无论是在美学方面，还是在生产制造工艺方面——比如尼赫的隐藏式撞钉。虽然最初受到了欧洲设计师牛仔品牌的影响，但这些开创性的日本品牌主要是从"三巨头"和原色牛仔裤的风格与生产方式中找寻灵感。

1987 年，Levi's 在日本推出了首个复刻系列，其中包括 502 复刻版。五年后，位于旧金山的美国总部推出了 Capital E 系列，尽管它具有像"大 E"红色标签等原汁原味的细节，但对于牛仔纯粹主义者来说，依然过于现代。在这段时间里，艾伦·克鲁泽在欧洲为 Levi's 工作。"我们在 1991 年和 1992 年开发了复刻产品，并且推出了 Big E 501、Type II 和 Type III 夹克、橙色标签等。"他回忆道。在欧洲，Levi's 还在红标系列中推出了非织边原色牛仔裤，尽管这在商业上并不成功，但却让潮流引领者们纷纷加入原色牛仔裤的潮流。欧洲和美国的一小部分爱好者发现了一些最早来自大阪的日本传统品牌，尤其是 Evisu 品牌，它们与 Levi's 和 Lee 在 20 世纪 50 年代和 60 年代生产的原版牛仔裤在外形上极为相似。

尽管这些日本潮流影响者从 20 世纪 90 年代初以来一直在为欧洲与美国的小众市场服务，但直到 21 世纪后期，他们才真正得以在全球范围内发挥自己的影响作用。"大阪五虎"（The Osaka Five，指五家总部位于大阪的日牛领军品牌公司）以及随后涌现的众多牛仔品牌推动了织边牛仔的回归，并最终引发了传统牛仔狂潮的席卷，此时消费者也开始提出疑问，他们对这些牛仔裤应该抱有怎样一种期待，尤其是在产品的真实性与原始生产工艺方面。

欧洲与美国的传统牛仔

虽然欧洲和美国的传统牛仔时尚运动最终转向受传统手工牛仔服饰影响的潮流，但在 21 世纪初，法国的原色牛仔潮流趋势主要受 Acne Jeans、Helmut Lang、迪奥设计师艾迪·斯理曼（Hedi Slimane）以及 A.P.C. 的让·图伊图（Jean Touitou）的影响。

A.P.C. 在很大程度上是由于 2014 年与坎耶·维斯特（Kanye West）合作的胶囊系列而进入更广泛的公众视野，但牛仔爱好者们早就对 A.P.C. 这个法国品牌非常熟悉了，它的 New Standards 牛仔裤长期以来一直被认为是原色牛仔新晋粉丝的入门级产品，这款牛仔裤以其讨喜的版型、相对亲民的价格及快速褪色等优势而闻名，通常是新手牛仔迷们的首选。

斯理曼的 19cm Dior 牛仔裤是这一时期许多人心目中的"原色牛仔圣杯"，其为男性群体带来了更修身的剪裁版型，作为对 20 世纪 90 年代后期宽松剪裁的一种回应。尽管将改变男性时装剪裁的全部责任都归咎于斯理曼未免有些短视，因为即使在传统运动来势汹汹时，这种剪裁变化也一直存在，但毫无疑问，他于 2001 年至 2007 年在 Dior 的开创性设计创意影响了整整一代牛仔爱好者。

大约在 2005 年，日本牛仔潮流才真正开始对美国和欧洲产生影响，特别是那种因对美式风格痴迷崇拜而出现的日本式传统牛仔。传统时尚往往会被视为几年后出现的全球经济衰退的一个标志，或者是对一次性消费文化的某种对抗形式。但艾伦·克鲁泽认为，虽然这些因素可能在这一潮流趋势的传播中起到过一定作用，但实际上，当西方国家发现日本人因对品质和工艺的执着与偏爱而生产出这些产品时，这种趋势就已经开始了。

西方国家新兴的传统牛仔运动培养了一批极其注重细节并愿意为之支付高昂价格的消费者，Superfuture 和

Styleforum 等互联网留言板成了这些牛仔爱好者的新乐园，他们在这里展示自己的服装、款型、品评比较色落效果，炫耀自己新购置的从日本或其他地方进口的牛仔产品。

随着网络社区的发展，他们对受传统牛仔影响的日本牛仔的热情也在高涨。Samurai 与 Studio D'Artisan 等品牌出品的 Levi's 占着牛仔忠实复刻产品是牛仔迷们的终极目标，它们通常比 Levi's 复古牛仔系列产品更胜一筹。

在 21 世纪第一个十年后期和第二个十年，欧洲和美国涌现出大量以传统为导向的牛仔品牌，随着审美与制造工艺等方面向牛仔裤的本源回归，促进了个人品牌和定制品牌小众市场的兴起，以及古着牛仔服装收藏家与卖家数量的增长。

削减成本

随着传统时尚在 21 世纪第二个十年突破主流，在潮流创新者与早期采用者几十年来一直穿原色牛仔服装之后，大多数消费者都做了他们最擅长的事情：他们要求更便宜的产品。这意味着一批新生代的传统牛仔品牌与制造商浮出了水面。依靠原始影响者的审美以及注重细节这一基础，它们以低得多的价格推出了原色牛仔裤，从而瞄准对价格更敏感的受众。在这些品牌当中，很多品牌都是在互联网众筹平台 Kickstarter 上诞生的，它们通过众筹省去供应链中间商，提供价格更低的优质原色牛仔产品。

然而，事实证明，原色牛仔裤市场很容易受到快时尚背后推动力量的影响。由于市场已经被证实是可行的，每个生产环节的成本都在迅速降低。一条售价 80 美元的原色牛仔裤，经过一年的穿着磨损后，可能需要支付 100 多美元的专业修护保养费用。当一条合身牛仔裤穿起来很舒服但已出现破损的时候，就更容易证明这些养护成本的合理性。但是，正如泰勒·马登所言："这并不能改变一个事实：穿了三年且经过修补的铁心牛仔裤在各个方面都明显比穿了三年且经过修补的 Gustins 牛仔裤更好，品质更高；尽管它们都被穿了 1000 天，而且两款牛仔裤的实际投入的金额只有微小差异。"那么就有一个问题，那些穿售价 80 美元的原色牛仔裤的人们是否真的会去修补它们？

还可以通过工资水平较低的国家代工生产高品质原色牛仔裤来实现更低廉的价格。当这些国家对原色牛仔裤的需求迅速增长时，它们自然就会开始生产国内替代品，就像日本在 20 世纪 60 年代和 70 年代所做的那样。

随着公众对可持续性的兴趣日益增长，其他品牌也相继开始关注其生产方式对环境的影响以及用户消费其产品的方式。随着面料整理、水洗以及服装后整理工艺的进步，这些有影响力的品牌也在重新思考几乎所有其他生产流程，从而推出了高弹力的、针织的、甚至可生物降解的牛仔面料。∎

大阪五虎
THE
OSAKA FIVE

在牛仔行家眼中，他们的名字是神圣的：Denime、Warehouse & Co、Studio D'Artisan、Fullcount 以及 Evisu Japan。它们都是日本牛仔的行业先驱，也是国际知名手工艺产业的缔造者。与美国"三巨头"一样，这些享誉盛名的日本制造商也赢得了"大阪五虎"的称号。

← 牛仔潮牌 Evisu Japan 的创始人山根英彦。

"大阪五虎"崛起的故事里有着太多让人一头雾水的坊间神话和矛盾说法。比如，他们为什么会齐聚大阪？一些人指出，只是因为那里是个便捷的生产中心，坐落在以牛仔闻名的井原市、以剪裁与缝纫工艺著称的儿岛，以及筒织运动衫之乡和歌山的中间位置。也有人认为，大阪遍地都是古着服装店，一个已经发展得相当成熟的市场早就在那里存在。如果你再多问几个人，还能听到其他的故事版本。"日本人在附近的冈山一带种植棉花已经有很长一段时间，那里的工厂很擅长缝制面料厚实的服装。其实，很多工厂手里都握着校服生产合同，而校服又通常都会采用比较厚的面料。"Warehouse 的盐谷健二（Kenji Shiotani）与盐谷健一（Kenichi Shiotani）——创始人盐谷兄弟——这样暗示道。

此外还有一个被翻来覆去提及的版本，Levi's 曾经做出过一个失策的决定，他们放弃了老式的德雷珀有梭织机，而"大阪五虎"就是靠着后来出口到日本的这些有梭织机发家的。事实上，"大阪五虎"坦诚地表示，他们的产品是通过日本丰田的老式织布机生产的——与 Levi's 有关的这段传闻为整个故事增添了些许浪漫主义色彩。"我不确定是否真的有人从 Levi's 手里买过织布机。"Studio D'Artisent 的久谷悠也（Yuya Hisatani）坦言——毕竟 Levi's 公司似乎从未拥有过什么织布机。Fullcount 品牌的 CEO 辻田干晴（Mikiharu Tsujita）对此也表示赞同："所有故事都基于各种坊间神话——但我至少能确定一点，那就是我们做的肯定是原创。"

一个很清楚的事实是："大阪五虎"由一群牛仔爱好者组成，他们当中的一些人互相认识，并且大家都意识到这是个商机。Levi's 牛仔裤在日本的售价节节攀升，而牛仔收藏家和御宅一族——在日语中指那些对服装、细节或其他一些方面都极度挑剔的人——的旺盛需求让古着牛仔裤的市场供应锐减至令人担忧的地步。美式风格在日本很受欢迎：至少相对于当时已经崭露头角的日本前卫设计师的作品来说，它是一种靠收藏家追捧支撑起来的平价时尚。此外，还有一种感觉就是，他们能利用日本的纺织与染色技术，生产出比当时的美国货质量更好的牛仔裤——尽管他们依然需要从历史悠久的美国牛仔中汲取灵感。

"想要把事情做得尽善尽美，这是日本人灵魂的一部分，也是日本传统工匠精神的一部分，"Fullcount 品牌的创始人辻田干晴说道，"这就是个很简单的想法：古着牛仔服饰价格已经涨

"想要把事情做得尽善尽美，这是日本人灵魂的一部分。"
IT'S PART OF THE JAPANESE SOUL TO WANT TO TRY TO MAKE THINGS BETTER AND BETTER.

"我们并不打算追赶潮流，只是做经典款牛仔裤，然后加入一些细节元素，从而创造出一些原创性的东西。"
WE WEREN'T TRYING TO FOL-
LOW ANY TRENDS—
WE JUST MADE CLASSIC JEANS
AND ADDED SMALL DETAILS TO
CREATE SOMETHING ORIGINAL.

得很高了，甚至对那些跑去美国的人来说，也是越来越贵，越来越不容易找到。所以我们就想："为什么不自己做呢？"人们往往会认为我们这个想法就只是为了制作复制品。是的，追求一种复古的感觉是最初的想法，但我们出品的牛仔服装本身也是真正的原创。"

Studio D'Artisan 的品牌名称源自创始人田垣繁晴（Shigeharu Tagaki）曾在法国巴黎的皮尔·卡丹公司工作且希望把这座时尚之都的高级定制时装元素带回日本的经历。到 1986 年，Studio D'Artisan 成为"大阪五虎"中第一家推出牛仔裤

的公司，这款当代经典原创设计 Type D01 至今仍由该公司生产。牛仔裤的皮标设计有可能是在模仿 Levi's——两匹马正试图把一条牛仔裤撕开，而田垣则采用两只小猪的形象来代替两匹马——这种模式引发了一场小小的风波。这条牛仔裤上有那个年代的各种细节，包括日子扣后腰调节带。一开始，这个产品卖得并不好，但就在这时，高端原色牛仔的概念诞生了。或者应该说，是在被搁置了 20 年的大好年华之后，又重新被人忆起。

久谷说："我们并不打算追赶潮流，只是做经典款牛仔裤，然后加入一些从古着服装、日

"所有故事都基于各种坊间神话——但我至少能确定一点，那就是我们做的肯定是原创。"
THE STORY IS FOUNDED ON PLENTY OF MYTHS, BUT I KNOW WHAT WE DID WAS ORIGINAL FOR SURE.

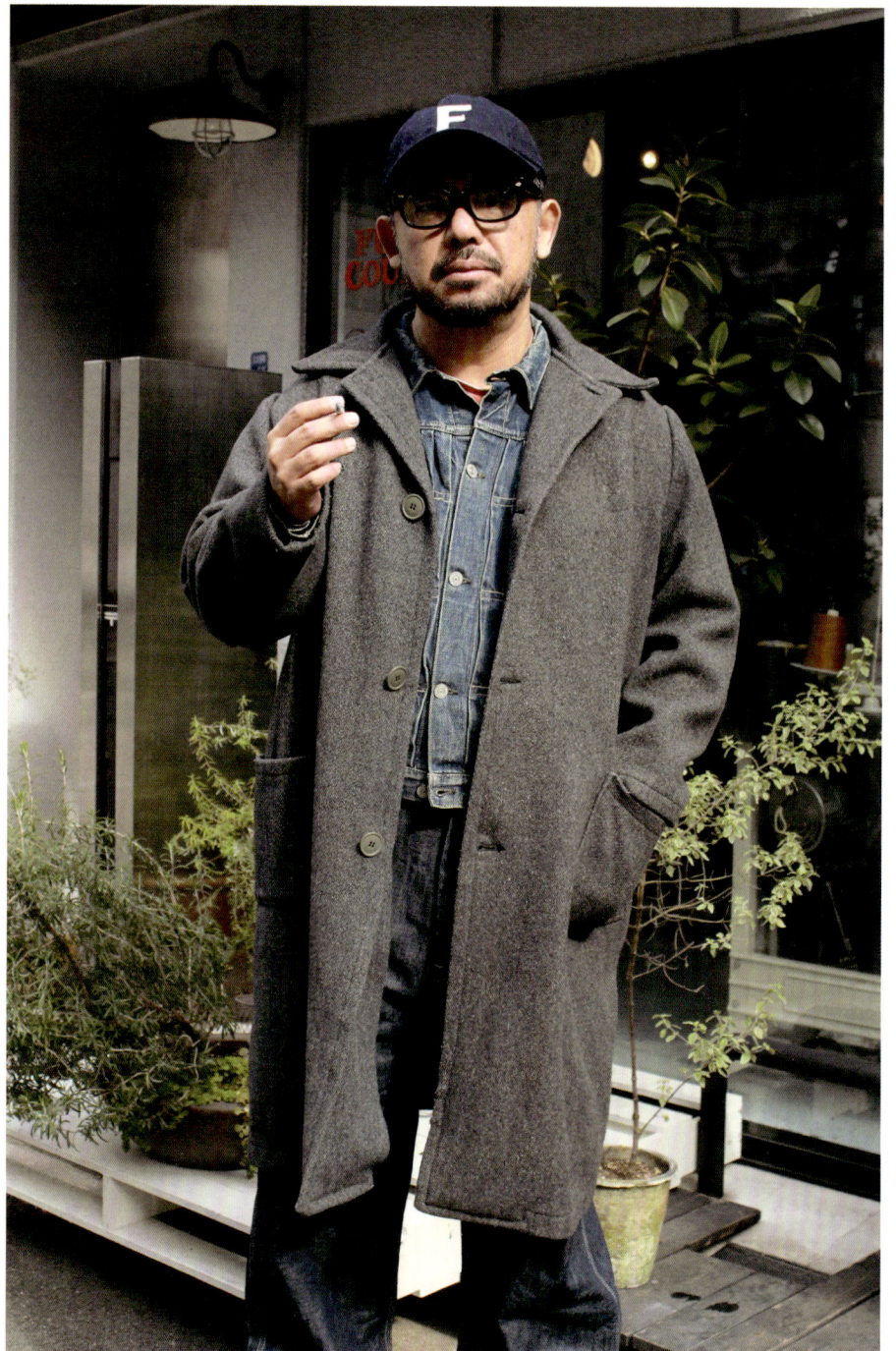

➡ Fullcount 的 CEO 辻田千晴。

本传统服饰以及其他一些单品中提取出来的细节元素，从而创造出一些原创性的东西。这也意味着我们要同时探索新技术和老办法，比如各种不同的染色技术。"

大门已经敞开。1988 年，设计师林芳亨（Yoshiyuki Hayashi）创立了 Denime 品牌——严格来说其实是在神户创立的，但与大阪的牛仔热潮密不可分——产品专注于对美国古着牛仔裤的直筒剪裁、快速褪色特性的诠释，尤其是 1966 年的 Levi's 501 牛仔裤。如此一来，他为随后涌现出的一批日本复刻牛仔品牌定下了基调。

然而，比起 Studio D'Artisan 的田垣或 Denime 的林芳亨，下一位加入这场竞争的企业家山根英彦才是更关键的人物。毕竟，山根英彦的一些同事或员工在与其合作的经验启发下，后来创建了 Fullcount 与 Warehouse 品牌，它们堪称日本最受推崇的两大牛仔品牌，而山根英彦的品牌也将被证明是最具进步意义的品牌——迅速扩张至牛仔以外的领域，为打开国际知名度奠定了基调。

山根是一名训练有素的专业裁缝，1988 年，他制作了几条更具美国牛仔风格的"反修身"（anti-fit）剪裁牛仔裤送给一些朋友，想借此看看他们的反应。当然，反应是积极的。到 1991 年，他和自己的同事——后来创办 Fullcount 品牌的辻田干晴——辞掉工作，正式创立了一家牛仔服装公司。山根从一开始便将这家合资企业命名为"Evis"，既是向日本神话中的财神"惠比寿"（Ebisu）致敬，也是向自己的牛仔裤灵感之源——Levi's 的品牌致敬。然而这一举动却招来了麻烦，这家美国牛仔巨头公司采取法律手段，迫使山根英彦将品牌更名为"Evisu"。

山根的意图也同样坚定：将牛仔裤重新打造成一种顶级手工艺形式，而不是用完即弃的普通商品。"牛仔裤曾被视为一种不需要太多设计的廉价休闲服装。我想制造更昂贵的牛仔裤，专为满足不同品味的人群设计。"山根直言不讳地表示——并且还考虑到当时贵得吓人的牛仔裤价格。"所以我决定以私人订制、量身打造的标准来对待牛仔裤的设计和生产。"

Evisu 半开玩笑地在一些牛仔裤上绘制了弧形图案，既表明了日本粉丝对牛仔裤的狂热痴迷程度——也是对 Levi's 在 1944 年推出的 501 牛仔裤的致敬，此款 501 牛仔裤以手绘弧形图案为特色，是为了遵守战时的用线配给规定。但它只生产了 9 个月，因此成为收藏品市场上最稀有的款式之一。

三年后，也就是 1994 年，为了打造更加纯粹的复刻牛仔裤，辻田与山根分道扬镳，成立了自己的 Fullcount 品牌。由于率先采用津巴布韦棉（一种耐用的长绒棉，与备受青睐的 Levi's 复古牛仔系列使用的棉很相似），初出茅庐的 Fullcount 很快就打响了名号。一年后，也就是 1995 年，盐谷兄弟——曾经也是 Evisu Japan 的员工——创立了 Warehouse 品牌，并推出了风格纯正的、精细到每个针脚的、细节非常丰富的 Lot 1001 牛仔裤，其设计灵感源于 20 世纪 40 年代和 50 年代的牛仔裤。他们还发扬了日本人经久不衰的手工制作精神，通过严格控制织机因其不稳定性所导致的"颤动"（被面向大众市场的牛仔制造业称为"缺陷"），从中获得一种因"颤动"而产生的特殊编织纹理，进而实现对古着牛仔风格的精细复刻。

对这两家公司来说，这是个再好不过的时机：牛仔服装的"淘金热"，或者说"郁金香热"正在兴起。例如，据报道，Fullcount 品牌 1996 年的年销量为 10 万条，当时距品牌成立仅两年时间；Evisu 品牌的"海鸥"图形涂绘成为一种现象级的全球时尚。当然，它们也并不孤独——其他一些日本纺织品品牌，如 45RPM 和 Kapital，当时也在探索尝试牛仔裤的工艺潜力。但"大阪五虎"引发了国际上对日本牛仔的青睐，更具体地说，是对日本织边牛仔的垂青。他们产生了这样一种观念：日本牛仔是用钱能买到的最好的东西。

正是因为有了它们，一些备受推崇的日本牛仔复刻品牌——Samurai、Sugar Cane、Dry Bones、Strike Gold、Oni、Eternal 以及其他许多小众品牌——才得以出现，每个品牌都声称拥有独特的制造方法和生产工艺，每家都不仅能以致敬美国服装历史的方式来推广自己，还能以自己独特的审美来营销自己。

至于"大阪五虎"的名号呢？这些公司自身并不认可。"老实说，我们在日本都不用这个词。"Studio D'Artisan 品牌的久谷悠也指出。"我们其实知道自己被当作五虎之一，"Warehouse 品牌的盐谷兄弟说道，"但除此之外，我们不便多作评论，因为我们真的不太理解。但是，话说回来，能被称为'大阪五虎'的一员，我们也很荣幸。"■

"我花了很长时间才把色落当作一种艺术——
一种自己穿出来的艺术。"
IT TOOK ME A LONG TIME TO THINK OF FADING AS A
KIND OF ART—AN ART YOU MAKE YOURSELF THROUGH
WEARING.

手艺是一份馈赠
CRAFT IS A GIFT

The Flat Head 品牌牛仔裤，色落风格独特大胆，褪色迅速。但这种特色并非通过化学手段走捷径来实现，它体现的是一种对传统手工艺心无旁骛的专注。听听创始人小林正佳（Masayoshi Kobayashi）讲述牛仔裤的手工艺与传承，如何制作持久耐用的服装、创造永续经营的事业，以及手艺本身如何成为一种馈赠。

小林正佳年轻时曾因为牛仔裤变旧而经历过一次痛苦的教训。"当时我还是个小学生，我平常穿的牛仔裤——那些我期盼了很久、辛苦攒钱买下来的牛仔裤——开始褪色和变形，"这位在 1996 年创立了 The Flat Head 牛仔品牌的前保险经纪人这样说道，"我真的不喜欢那种样子。我希望它们永远都是新的，一直保持深邃的颜色。我花了很长时间才把色落当作一种艺术——一种自己穿出来的艺术。"

这听起来颇具讽刺意味，因为 The Flat Head 品牌推出的牛仔服装被普遍认为随着时间推移会呈现出最为惊人的色落效果，其中也包括特别吸引人眼球的垂直 "tate-ochi"（注：tate-ochi 是一个日语术语，指的是复古牛仔面料上的垂直线条，其是粗纱纱线增厚造成的褪色，纱线最粗的地方靛蓝褪色最严重）褪色。这是一种极为罕见且费时费力的制造技术的产物：大多数现代牛仔面料都是在深缸中染色，随着一层又一层面料被放入其中，压力会不断增加。而 The Flat Head 则是在浅染浴中以最小的压力染色。因此，靛蓝染料只会附着在织物的表面，而不会一直渗透至核心，从而产生更迅速地褪色、更醒目大胆的色落效果。

这只是 The Flat Head 牛仔裤制作工艺中的一个细节，小林正佳说，这条牛仔裤从头到尾都在日本制造，所用的工艺只有在日本才能找到。例如，隐藏式撞钉与周围的后袋缝线非常接近，这样可以减轻缝线的压力，但需要靠手工制作才能实现。裤衩是嵌入裤腰中的，而不是简单地缝在上面。撞钉是铁镀铜材质。这样的设计不仅是对传统制造工艺的致敬，而且更为坚固耐用。每一个生产步骤都需要用到不同的老式机器设备，但更不同寻常的是，每个步骤都交由专业的分包商来完成。

然而，许多穿 The Flat Head 牛仔裤的人都忽略了这些细节设计，小林正佳承认，他觉得这很令人沮丧——"尤其是因为这些细节很难做到，而且其他没有设计制作这类细节的牛仔裤制造商也照样卖相同的价钱。"他说。但他希望他的牛仔裤和公司都能够持续下去。他认为自己是初代牛仔生产制造工艺的传承者，该工艺已经有两三百年的历史了。

也许这就是为什么，尽管小林正佳非常欣赏 20 世纪 50 年代的审美，但他却不像其他许多日本牛仔制造商那样热衷于生产那个时代的复制品。相反，他的牛仔裤采用了老式的制作工艺，同时创新了服装轮廓等细节设计（该品牌的姐妹品牌 Real Japan Blues 更具现代感）。"日本的制造商当然深受美国文化的影响——很难低估人们在二战后对美国货的渴望，它们代表着新事物，代表着未来，"他说，"我认为，很多跟我年纪相仿的日本牛仔制造商都在生产复制品，只是因为他们依然渴望小时候梦寐以求的那些牛仔裤，而现在他们终于有能力给自己提供牛仔裤。但我认为，只按照 20 世纪 50 年代的样子复刻牛仔裤有点无趣。"

The Flat Head 的理念无疑与保险业（The Flat Head 品牌的控股公司依然从事保险行业）相去甚远，但小林正佳说，二者有相似之处：牛仔裤给人一种尽在掌握的吸引力，而保险和那些工艺精湛的牛仔裤一样，能让人心安。"但保险行业会暗示坏事发生的可能性，"他说，"我想把从保险行业中赚到的钱通过某种方式回馈给他人——通过牛仔裤。" ∎

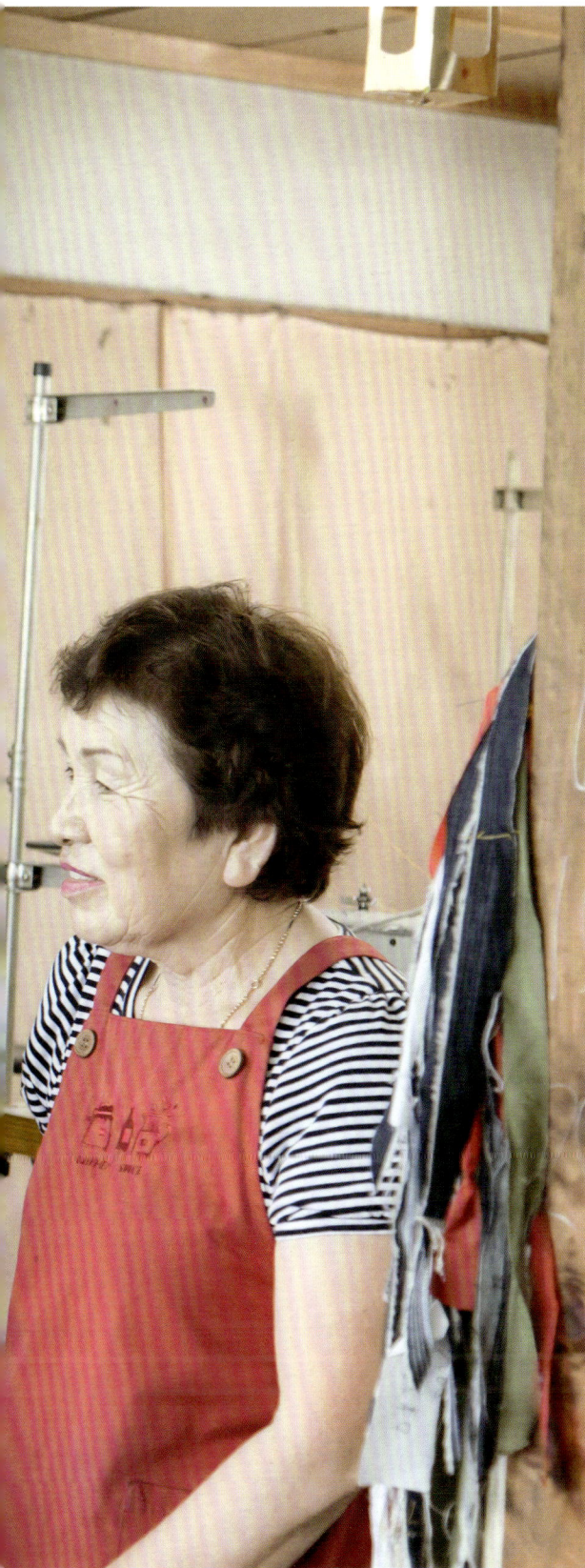

只是因为
他们喜欢
JUST
BECAUSE THEY
LIKE IT

极富创新精神的 Collect 与牛仔面料织造传统紧密相连，公司致力于为日本国内外的牛仔裤生产厂商打造最优质的面料。这样一家不走寻常产品路线的牛仔面料企业，它的起源与灵感是什么？

总部位于儿岛的 Japan Blue 集团在牛仔面料领域具有广泛的影响力。例如，其旗下有 Rampuya 公司，这是一家致力于天然靛蓝染色的公司。此外，还有牛仔裤自有品牌：Japan Blue Jeans，还有由洲脇将宏（Masahiro Suwaki）创立的桃太郎。该集团旗下的另一家名为 Collect 的公司是其基金会的一部分，由洲脇将宏和真锅寿男（Hisao Manabe）于 1992 年共同创立。

Collect 是一家拥有独特品质的牛仔纺织面料制造商：例如，虽然它拥有为数不少的 GL-9 丰田（Toyoda）古董梭织机，但它也声称自己是唯一一家依旧使用手工织机的日本牛仔制造商，Collect 品牌的天然靛蓝牛仔裤所采用的特殊牛仔面料便来自这种手工织机。Collect 也是业内率先

提议采用津巴布韦长绒棉来生产 Fullcount 品牌所需的牛仔面料的公司。后来，它开始为拉夫劳伦等品牌生产牛仔面料。可以说，它也可能是第一家为 Louis Vuitton 和 Gucci 生产"奢侈"牛仔面料的公司。

事实上，在很多方面，Japan Blue 集团的重点仍是牛仔面料，而不是设计：洲脇将宏称桃太郎品牌更注重手工牛仔面料生产，而非任何旨在开辟牛仔裤外观的新领域（同时作为该公司设计师的他如是说）。Collect 的创始人旨在捍卫他们对这样一种现象的认知：生产制造这种牛仔面料的兴趣在日益减弱。在当时，这种牛仔面料的生产普遍被外包给劳动力价格相对更低廉的韩国和中国来代工。当然，Collect 已经竭尽自身所能来阻止这种衰落。

真锅寿南进入牛仔行业的时间较晚，但他却势头强劲、后来居上——或许是他丰富的职业经历所致。他儿子真锅胜（Katsu Manabe）说他以前做过纺织品代理，"在建筑工地、汽车厂干过活，还曾做过家庭教师、卡车司机、古董商贩和园丁"，最后在一家天然靛蓝染色艺术家协会接受专业培训。"他一直喜欢自我挑战。例如，当他决定采用津巴布韦棉时，还从来没有谁在牛仔面料生产中使用过如此高品质、价格也如此昂贵的棉。但我们接到了（来自 Fullcount 的）一个请求，即找到一种既适合染色、韧性好又质感舒适的棉。我很怀疑，如果没有他和 Fullcount 的那次接触，恐怕产品就不会被创造出来。"

但是，尽管前景如此光明，Collect 和 Rampuya 品牌及其他日本工厂和染坊也是如此——都植根于日本传统染色工艺，比如蓝染（aizome，靛蓝染色在日本被称为"蓝染"）。这种染色工艺采用了不太常见的"碱液制备法"，将堆肥干燥的天然蓼（整个生产过程需要耗时 100 天）与碱液、石灰和清酒经过手工混合后进行发酵。发酵完成后，表面会浮现出一种被称为"ai no hana"或"靛蓝花"（indigo flower）的泡沫，这种具有短暂稳定性的液体就可以用于染色了。然而，Japan Blues 集团的这种手工染色工艺不仅仅是为了展示与合成靛蓝有所不同，天然靛蓝不易褪色，并且随着时间的推移，色泽会变得更深邃，更有质感，而且还具有一定的抗菌作用。

为何一些日本企业会对纺织品及服装的生产制造方法如此挑剔讲究？真锅胜给出了一个简单的答案："它们想要创造更加出类拔萃与众不同的东西，并且，仅仅是因为它们喜欢。"■

"Collect 是如今唯一一家依旧使用手工织机的日本牛仔制造商，并且是率先提议采用津巴布韦长绒棉来生产牛仔面料的日本牛仔面料制造商。"

THE ONLY JAPANESE DENIM MAKER STILL USING A HANDLOOM, IT WAS COLLECT THAT FIRST PROPOSED THE USE OF ZIMBABWEAN LONG STAPLE COTTON.

重量级出击手
HEAVY HITTER

设计师艾哈迈德·哈迪维贾亚（Ahmad Hadiwijaya）实现了制造 100% 印尼牛仔的梦想，他精准地应用重 19 盎司、未经水洗的粗斜纹牛仔面料制成牛仔裤。Oldblue Co. 提高了当地在道德生产方面的标准，以各种正确的理由引发了印尼的牛仔热潮。

➡ Oldblue Co. 公司的艾哈迈德·哈迪维贾亚正在研究牛仔裤版型纸样。

"我觉得这太疯狂了，" 艾哈迈德·哈迪维贾亚说道，"为什么在这样一个热带国家，厚重的牛仔面料会如此受欢迎？就我个人来说，我不会穿，太厚了。但我认为当地人喜欢高对比度的色落效果，他们对那种更微妙自然的复古褪色并不感兴趣，他们喜欢强烈的效果。"

哈迪维贾亚是印尼首个本土知名品牌 Oldblue Co. 的创始人，也是该国在重磅牛仔面料市场领域的先驱：重 19 盎司及以上的产品如今已成为该公司的标志性产品之一。2010 年，哈迪维贾亚创立了这个品牌，当时他正在学习经济学，用他的话说，"跟设计师完全不沾边"，但他决定将自己长期以来对牛仔面料的痴迷转化为工作。他说："我一直同每个人说，亚洲这个地区即将迎来牛仔热潮。"

但亚洲还没有为 Oldblue Co. 做好准备。一方面，已上市的本土品牌正致力于满足当地最受欢迎的需求：价格适中、时尚前卫的牛仔裤，当时流行超紧身的款式，且其带有大量浮夸张扬的细节设计。而 Oldblue Co. 作为一个注重传统美式审美的品牌进入了市场。哈迪维贾亚解释说，它试图重现 "19 世纪末到 20 世纪 50 年代的风格外观"，"那是牛仔设计历史上的黄金时代——一切都是以形式服从功能（form-follows-function）的理念设计制作的"。其次，织边牛仔面料——还涉及价格这个不可避免的因素——在当地基本没有知名度，哈迪维贾亚不得不观望市场形势，等待迎头赶上的机会。

与此同时，他决心生产一款印尼产品，这需要他说服一家当地制造商提高生产标准，从习以为常的批量生产和始终居高不下的起步量等方面转变过来，甚至还要用到制造商的老式机器设备。"制造商不确定是否使用织边牛仔面料，因为这需要采用不同的裁剪缝制工艺才能保证牛仔裤每个部分都准确无误。而且这家制造商也不理解这种织边牛仔面料到底有什么吸引力，尽管厂里的确有些老式的 Union Special 缝纫设备。" 哈迪维贾亚回忆道。2012 年，Oldblue Co. 开设了自己的工作室，开发和制作所有的样品，处理特殊订单。

然后就是牛仔面料本身。尽管该公司的大多数款式都使用了美国 Cone 和日本 Nihon Menpu 以及 Collect 品牌的牛仔面料，并且还与诸如 Amhot 一类的规模较小、不太知名的日本工厂建立了联系，但 Oldblue Co. 还与一家印尼工厂合作，开创了一种独家的国产织边牛仔面料。这项努力的成果是一款重达 19 盎司的、还未经染色的、处于原始状态的右斜纹牛仔面料。它毛茸茸的，未烧毛、未预缩，也未经水洗，它的生产织造 "是一件值得引以为傲的事情"。哈迪维贾亚说："从公司成立第一天起，我就想生产一条 100% 纯印尼制造的牛仔裤。"

"要实现这一点往往很难。" 他补充道。尽管事实已经证明他是正确的。在日本牛仔面料的点滴影响下，加之注重潮流时尚的青年文化，印尼确实成了手工牛仔面料织造的热门地区。

"我们只得不厌其烦地反复解释，这样才能得到想要的东西——我们牛仔裤的外观和手感是怎样的，它的制作方法是怎样的。新事物的发展一直存在阻力。我们不得不回答一些来自海外社会的关于道德生产标准的问题，以及印尼声名狼藉的血汗工厂及假冒伪劣等问题。但它的品质就在这里，人们对印尼牛仔产品的观念正在慢慢变得开放。" ∎

"从公司成立第一天起，我就想生产一条 100% 纯印尼制造的牛仔裤。"

FROM DAY ONE OF THE COMPANY, I WANTED TO PRODUCE A 100 PER-CENT INDONESIAN-MADE PAIR OF JEANS.

家族传承
THE
FAMILY
WAY

运用传承了六代的缝纫技术，瑞安·马丁（Ryan Martin）一针一线地致力于完善自己的牛仔服饰系列。从手绘图案到单针缝纫技术，他的 W.H. Ranch Dungarees 品牌故事体现了坚持传统的价值。

瑞安·马丁或许会说他生来就是制作牛仔裤的料。事实上，他确实也这么认为。他说："我生命中经历的每件大事都促成了我的 W.H. Ranch Dungaress 品牌的诞生，对此我毫不怀疑。"毕竟，他出生在堪萨斯州的萨利纳，那是 Levi's 牛仔裤的诞生地。他是家族里第六代专业裁缝和制版师。他的家族祖先——20 世纪 30 年代大萧条时期堪萨斯州西部尘暴区幸存下来的农民——把牛仔服装当成自己的第二层皮肤来穿。

马丁曾说："那时，男人们干农活，女人们做专业裁缝，这样干了好几代。在资源如此紧张的情况下，这种才能很管用。现在，每当我操控

缝纫机的时候，我就代表着这种血统的传承，这让我专注于此。"

这种专注的结果是：他在 2012 年成立了当时被称为 White Horse Trading Co. Dungarees 的服装公司。公司的成立源自与设计公司 Topo Designs 在一款狩猎夹克上的合作。"尽管在那时，拥有自己的牛仔品牌已经是我近半辈子的梦想。"马丁指出。从那以后，他做出了自己的第一款牛仔裤，之后的每一条牛仔裤都由他亲自裁剪缝制。马丁是 21 世纪第二个十年涌现出的新一代一人牛仔服装制造商中的一员，得益于互联网的发展和人们对手工制品的新渴望，他们才得以走向市场。

"我生命中经历的每件大事都促成了我的 W.H. Ranch Dungaress 品牌的诞生，对此我毫不怀疑。"
EVERY EVENT IN MY LIFE LEAD UP TO THE CREATION OF MY W.H. RANCH DUNGAREES— OF THAT I HAVE NO DOUBT.

自然，他的第一条牛仔裤是为自己做的。

他承认："它们的存在就是为了满足我的特定需求。我想要一条高腰的、大腿和膝盖收紧的牛仔裤，裤脚开口刚好可以被容纳进靴子。那时候市场上没有这样的版型。德怀特·约卡姆（Dwight Yoakam）曾试图以这个版型设计起诉我。"马丁在网上评论说他最初的款式设计是受约卡姆本人对更紧身款式的偏好的启发——那时他其实连一条牛仔裤都还没做出来——于是这位乡村音乐明星的律师声称这种行为侵犯了他的名誉权，对他的演艺生涯造成了不可挽回的损害。Wrangler 也向马丁发出了一份禁止令，阻止他继

续在产品的毛皮贴标上使用"W"字样。他说："不用说，做牛仔裤的第一个月可真有意思。"

幸运的是，继 R1911 款式之后，他又设计出了其他版型。正如马丁所说，R1911 版型"具有强烈的牛仔风格"，R1914 版型则更具复古风格——"虽然我不能说它以 1947 年的 501 或其他标志性

牛仔裤为原型——我只是在 R1911 的原有版型基础之上把它做得更宽松些"——并且它很快就成了公司的畅销款。对夹克和牛仔裤的重新关注也随之而来：马丁很走运，能抢在其他制造商之前率先使用了美国 Cone Mills 纺织工厂生产的第一批有机牛仔面料。

2014 年，马丁用新名称 W.H. Ranch Dungaress 对公司进行全新塑造并重新推出。以新的口袋设计为标志的改变，象征着马丁在牛仔裤制造方面日益增强的信心。那时，他的手工产品已经开始赢得一小部分（尽管数量还在不断增长）客户的欣赏：所有的版型都是他用丁字尺和曲线板手工绘制的，都是过去这一行常用的工具。"我喜欢像那样保持传统。"马丁说。他的牛仔裤没有原始的毛边或者接缝锁边；他在整个制作过程中使用的都是更整洁、更结实的手工双折边叠缝（hand-felled）或后育克接缝（riser seams，这里的 riser 是指牛仔裤的后育克 / 约克），这些接缝工艺是 20 世纪初工作服上的常见工艺。采用这种缝合方式的牛仔裤在外面有两条缝线，但里面只有一条。整个过程也都采用单针缝合——所以，两排或更多排的缝线，就是缝纫机两次或更多次单独缝制的结果。

马丁承认："我花了很长时间才掌握这门手艺，尤其是在后口袋上做出完美的圆角。这是一代代传到我这里的技术，经过大量的练习，我终于得到了令自己满意的结果。但话说回来，我永远不会真正满足。一条牛仔裤总是可以被做得更好——哪怕仅相差一针。"■

牛仔词汇表
GLOSSARY

对牛仔文化和传统时尚感兴趣的人都应该知道的词汇术语。

牛仔后袋袋花（ARCUATE）

牛仔裤后袋上的缝线图案，更多是起到装饰作用，而非出于功能性目的。有时可以被用于固定口袋的内衬，但主要是作为一种品牌元素而存在。

打枣 / 加固缝（BARTACKS）

听起来像是你不想坐在上面的东西，但这种在后袋上取代撞钉的加固缝线确实是为此目的而添加的。这是一种在不刮伤物品的情况下固定口袋的方法。

链式线迹（CHAIN STITCHING）

用一根线进行连续缝纫的环形链状线迹。用老式链式线迹缝纫机缝制下摆褶边，在洗涤后下摆褶边会因缝纫线迹的拉扯扭转而产生理想的绳纹纹理。

棉（COTTON）

一种来自棉花果实的、用于织造牛仔面料的天然纤维。用它纺成的纱线光滑耐用，易于染色和纺织。棉纤维越长，品质越高。

牛仔发烧友（DENIMHEAD）

很特殊的一类牛仔鉴赏行家（通常为男性），他们对靛蓝、织边和原色牛仔面料充满激情。为了获得出色的色落效果，他们往往会做出一些近乎痴迷的举动，如很少会清洗他们的牛仔裤。

牛仔面料（DENIM）

传统上，这是一种由靛蓝色经纱和白色纬纱交织而成的斜纹棉布，名称源自"尼姆斜纹布"（serge de Nimes，出自法国尼姆镇的斜纹棉布）。尼姆斜纹布是一种与牛仔面料类似的法国织物，于17世纪在英国开始流行。

染色（DYEING）

将纤维、纱线或织物浸入染料中进行上色的过程。在大规模靛蓝染色流程中，纱线被捆扎成绳束或铺成片状经过一系列染浴工序。

褪色 / 色落（FADES）

这是牛仔爱好者的追求。它在原色牛仔面料上体现得最为明显，是牛仔面料自然老化的一部分。在牛仔服装受力最大或最常使用的部位，由于靛蓝染色被磨损和洗涤而呈现出美丽纹理。

面料后整理（GARMENT FINISHING）

通常也被称为做旧或水洗。利用水、化学物质与磨损技术来模仿或增强牛仔面料自然褪色效果的工业流程。牛仔发烧友更喜欢自己动手（DIY）处理的效果。

蜂窝和猫须
（HONEYCOMBS AND WHISKERS）

裤子大腿部位的猫须和膝盖周围的蜂窝，这样的色落效果对牛仔发烧友来说简直就像拿了比赛奖杯。这些词语指的是织物因在这些部位起皱从而产生的褪色纹理。

INDIGO（靛蓝）

使牛仔面料呈现蓝色外观的物质。靛蓝分子仅在棉纤维的外部与之结合，这就是为什么靛蓝被称为"有生命的颜色"：它会逐渐褪色，并且在褪色过程中保留独特的美丽色调。

JEANS（牛仔裤）

这个词源自热那亚水手身上穿的斜纹布长裤的名称。如今，所有具有标志性五袋的裤子款式都可以被称为牛仔裤，即便它们并不是用牛仔面料制成的。

原色（或干）牛仔面料 RAW (OR DRY) DENIM

最纯粹的牛仔面料，也是牛仔爱好者的首选。在20世纪60年代之前，所有的牛仔裤都以原色牛仔的形式出售，这意味着它们质地硬挺，没有经过任何做旧处理，准备让穿着者将其穿至褪色。

撞钉（RIVET）

牛仔裤上标志性的金属小部件。制作方法：通过挤压或锤击的方式，将垫圈或圆盘固定在一个穿透面料的金属钉上。最初是为了加固容易被撕裂的部位。

绳纹（ROPING）

沿着裤脚一圈重复出现的对角状褪色纹理，尤其在洗涤之后更为明显。这是由老式的链式缝纫机的一个技术缺陷导致的令人欣喜的结果。

预缩处理（SANFORIZATION）

在织物被制成服装之前，对其进行预先缩水的一道流程。一些牛仔发烧友更喜欢未经过预缩处理的牛仔面料，因为他们喜欢自己动手对牛仔裤进行仪式化的预缩处理。

织边（SELVEDGE）

通过梭织机自行编织完成的边缘（布边），是品质较高、生产难度较大的窄幅牛仔面料的特色织边，牛仔面料上的织边通常为白色，并且中间常常会有一根彩色纱线。（注：有些人会将"织边"跟"赤耳"画上等号，但其实赤耳指的是布边上的那条红线，但不一定布边都是红线，如Lee通常是黄线，Wrangler通常是绿线；还会有粉红色的线，其被称为寿司耳，银线则被称为刀耳）

纱节（SLUBS）

又称竹节 / 粗节，指棉纱中的疙瘩或小结，竹节会让织物呈现出不均匀的外观，是人们期望获得的一种不完美效果。如果牛仔面料上有丰富的纱 / 竹节，那么会显得更加具有特色。

石洗（STONE WASHING）

顾名思义——在牛仔裤出售前，用石头洗涤牛仔裤以制造出磨损效果。通常用浮石洗效果最佳，不过这需要在一定工业规模基础之上进行操作。

经纱与纬纱（WARP AND WEFT）

这不是什么神奇的词语。但它们真的不是吗？在机织中，有两种类型的纱线：纵向的经纱和横向的纬纱。在牛仔面料中，经纱通常被染成蓝色，形成独特的斜纹图案。

牛仔服饰商店与信息资源
DENIM SHOPS & SOURCES

来自世界各地的一些搜寻最佳牛仔服装的目的地精选。

加拿大
—
TAKE + YOKO
9096 Blvd. St-Laurent
Montreal, Quebec H2N 1M9

作为 Naked & Famous 的零售副业项目，这家商店销售 Big John、Kamikaze Attack 和 Burgus Plus 等小众牛仔品牌服装。

捷克
—
DENIM HEADS
Konviktská 30
110 00 Prague

这家零售商有规定："您不能要求我们以不公平的价格提供最'时尚'的后袋刺绣和令人作呕的无用洗涤。"除此之外，只期待"做到最好"。

德国
—
BURG & SCHILD
Rosa-Luxemburg-Straße 3
10178 Berlin

主营男装和牛仔服饰，包括美国和日本的牛仔服装和少部分欧洲的高品质工装。

VATER & SOHN
Eppendorfer Weg 54
20259 Hamburg

Vater & Sohn 于 2013 年开业，现已成为这座城市中最主要的牛仔服饰精品店，销售 3sixteen、Stevenson Overall Co. 和 The Real McCoy's 等品牌的服饰。

中国
—
TAKE5
1/F 17 Cameron Road
Tsim Sha Tsui, Kowloon

尽管天气闷热潮湿，中国香港的 Take5 对日本牛仔品牌（如 Dry Bones 和 Stormy Blue）的稀有库存需求量很大。

日本
—
BERBERJIN
Shibuya-ku Jingumae 3-26-11
Harajuku SH Building
Tokyo 150-0001

BerBerJin 是一家古着服装店，而非牛仔服饰专营店，这家店因出售稀有的物品、20 世纪 60 年代和 70 年代的 Levi's 滞销商品以及经典的色落牛仔服装而闻名。

HINOYA
6-10-14 Ueno
Taito-Ku
Tokyo, 110-0005

该店于 1965 年开业，最初并不以销售牛仔服饰为主，但后来却成为牛仔爱好者的圣地，很大程度上是得益于该店的经营理念，就是店内会有尽可能多的品牌牛仔服饰出售。

JEANS STREET
Kurashiki-shi, Kojima Ajino, Okayama

这家店位于日本牛仔面料的生产中心，因沿路聚集了大量牛仔裤商店而得名；还有一个更有趣的选择就是可以顺路去参观位于儿岛的一家牛仔面料工厂。

MARVIN'S VINTAGE
Shibuya-ku Jingumae 6-12-15
Tokyo 150-0001

店内不仅出售古着牛仔服饰，而且还经常会有所谓的超级复古款——20 世纪 20 年代到 40 年代的 Levi's 牛仔裤在这里就很常见。

马来西亚
—
KRONOZ
Lot F-36, 3rd Floor,
Parkamaya in Fahrenheit 88
Jalan Bukit Bintang 55100, Kuala Lumpur

这是吉隆坡迄今为止唯一一家专门为牛仔爱好者开设的商店，也是日益壮大的马来西亚牛仔裤市场的领军力量。

荷兰
—
TENUE DE NÎMES
Elandsgracht 60, 1016 TX Amsterdam

Tenue de Nîmes 是位于阿姆斯特丹的一家以引领时尚生活方式为理念的服饰精品店，因与 Tellason 和多个日本主流牛仔品牌合作推出特殊产品而闻名。

俄罗斯
—
CODE7
Bolotnaya naberezhnaya 3
Building #3, Moscow

CODE7 是莫斯科第一家以牛仔服饰为主题的精品店，

合作品牌包括 Red Cloud、Indigofera、Pointer、UES 和 TCB，这表明全球对稀有牛仔服饰的兴趣正在升温。

瑞典
—
UNIONVILLE
Katarina Bangata 69, 116 42 Stockholm

Unionville 被广泛认为是迄今为止斯堪的纳维亚半岛最好的牛仔服饰精品店，这家店以只挑选永恒的设计款式而自豪。

瑞士
—
DEE CEE STYLE
Talacker 21, 8001 Zürich

该品牌不仅是日本人所谓的"老爹风格"男装零售商，同时也是 45rpm、RRL、Raleigh、Sugar Cane 和 PPRS 等牛仔品牌的供应商。

VMC
Rindermarkt 8, 8001 Zürich

该店专营 Chipie 和 Chevignon 等早期欧洲牛仔品牌服饰，也是欧洲市场领先的日本和美国牛仔服饰零售商。

泰国
—
PRONTO
318/23-26 Sukhumwit
22 Klongtoey, Bangkok 10110

这家位于曼谷的牛仔服饰商店自 2006 年开业以来，一直致力于引进日本牛仔服饰，推动着泰国牛仔市场的发展。

英国
—
RIVET & HIDE
5 Windmill Street
London W1T 2JA

该品牌创始人丹尼·霍奇森（Danny Hodgson）很了解当地市场——他与多个日本主流牛仔品牌合作，开发适合西方身材的尺码更宽大的服装。

SON OF A STAG
91 Brick Lane
London E1 6QL

零售商鲁迪·布德霍（Rudy Budhdeo，该品牌创始人）的店铺从地板到天花板都堆满了稀有的牛仔裤，他是牛仔界受人尊敬的人物。

美国
—
AB FITS
1519 Grant Avenue
San Francisco
California 94133

该店是西海岸首屈一指且历史最悠久的牛仔服饰零售商之一，专营 Rising Sun 和 Levi's Made & Crafted 等西海岸品牌。

BLUE IN GREEN
8 Greene Street
New York
New York 10013

Blue in Green 是美国第一家牛仔服饰专营店，目前仍然是选购 Oni、Pure Blue Japan 和 Samurai 等品牌服饰的目的地。

ROSE BOWL
1001 Rose Bowl Dr.
Pasadena, California 91103

对于古着工装、牛仔服饰的搜寻者和爱好者来说，这里可以说是世界上最重要的古董市场：预计每个月的第二个星期天这里都会人满为患。

SELF EDGE
Locations in San Francisco, New York,
Los Angeles, Portland,
and San José del Cabo, Mexico

其可以说是美国专业牛仔服饰零售领域的领军力量，部分原因在于其与牛仔品牌 3sixteen 的创始人建立的业务关系。

UNIONMADE
493 Sanchez Street
San Francisco
California 94114

这家综合男装店设有一个充满活力且繁忙的牛仔服饰部门，销售 Tender、Kapital 和 Omnigod 等小众牛仔品牌服装。

WHAT GOES AROUND COMES AROUND
351 West Broadway
New York
New York 10013

其有着为设计师和媒体提供古着服饰（包括但不限于牛仔服饰）的专业出租服务。

图片版权
IMAGE CREDITS

Jacques Gavard
(pp. 82 top, 83)

Fullcount Co., Ltd
pp. 119, 228
Image credit: Fullcount Co., Ltd

G

G-Star GmbH
pp. 52–57
Image credit: G-Star RAW

Getty Images
pp. 149–151, 157, 159–162, 191, 197
Image credit: PYMCA (p. 149), Raymond Boyd
(p. 150),
Time & Life Pictures (p. 151),
Tim Sloan (p. 157),
Christian Vierig (p. 159),
Melodie Jeng (p. 160),
Antonio de Moraes Barros Filho (p. 161),
Lambert (p.162),
Pavelle Jacobs (p. 191),
Evan Agostini (p. 197)

**Guaizine /
Martino Leone**
p. 153
Image credit: male®
for Guaizine

H

Heller's Cafe Inc.
pp. 71 bottom, 218–221
Image credit: Larry McKaughan (pp. 218, 220
top, 221), Peter
Sawicki / sawicki.de (pp. 71 bottom, 220
bottom), Rin Tanaka
(p. 219 bottom), Warehouse Co.
(p. 219 top)

Hiut Denim Co.
pp. 73 bottom right, 95, 107, 172–175
Image credit: Andrew Paynter

I

Indigofera Premium Jeans
pp. 19–23, 131, 135, 246–247, 252–253

Image credit: Gustav Frosty Karlsson (pp. 21
top, 22–23), Calle Stoltz (pp. 19–20, 21 bottom,
131, 135, 246–247, 252-253)

Iron Heart
pp. 50 bottom, 58–59, 68, 72, 243)
Image credit: Iron Heart (pp. 50, 59, 68, 72),
Yamaha Motor Europe (pp. 58, 243)

J

**COLLECT DENIM /
JAPAN BLUE Co.,Ltd**
pp. 3 bottom, 40, 232–233
Image credit: JAPAN BLUE Co.,Ltd

Jeanologia
pp. 90–91
Image credit: Jeanología Team
(p. 91), Manuel Ugarte (p. 90)

Jean Shop
pp. 212–213
Image credit: Jean Shop

Jeansmuseum / Ruedi Karrer
pp. 72 top left, 97 bottom, 108, 114–115
Image credit: Ruedi Karrer

L

Lee Jeans – VF Corporation
pp. 69 bottom, 71 top, 176–177, 179, 184–185
Image credit: Lee Jeans – VF Corporation

Levi Strauss & Co.
pp. 178, 180–181, 182–183
Image credit: Levi's®

Livid Jeans
pp. 48–49, 166–171
Image credit: Ole A. Ekker

M

Mister Freedom
pp. 71 middle, 92, 106, 165, 192–193, 194–195
Image credit: Cory Piehowicks
(pp. 192–193), Mister Freedom®

(pp. 71 middle, 92, 106, 164, 194–199)

N

Naked & Famous Denim
pp. 38–39
Image credit: Naked & Famous Denim

Nudie Jeans
pp. 29, 70 top right, 110–113, 145–147
Image credit: Jonas Linell (pp. 110, 113,
145–147), Nudie Jeans Co
(pp. 70 top right, 111), Samuel
Unéus (p. 112), Ulf Lundin (p. 29)

O

Oldblue Co.
pp. 31 bottom, 46–47, 50 top,
79 bottom, 234–235, backcover
Image credit: Aryo Wicaksono

ONDURA durable goods
p. 122
Image credit: Friederike
Göckeler
Source: ONDURA durable goods
Model: Leens Ondra

P

Pike Brothers GmbH
pp. 125–126, cover image
Image credit: Ilona Stelzl
(www.the-point-of-view.de)

Pure Blue Japan
pp. 73 top right, 97 top
Image credit: Pure Blue Japan (p. 73 top
right), Takuya Furusue (p. 97 top)

R

Red Cloud Overall MFG & Co
pp. 16 top, 34–35, 70 top left
Image credit: Tuckshop & Sundry Supplies
(pp. 35 right, 70 top left)
Image credit: Red Cloud Overall MFG & Co
(pp. 16 top, 34, 35 left)

参考资料
LIST OF SOURCES

BOOKS AND PRINTED MATERIAL

Balfour-Paul, Jenny. (2011). Indigo: Egyptian Mummies to Blue Jeans. The British Museum Press.

Beazley, Mitchell. (2015). Icons of Style: Denim. Octopus Publishing Group Ltd.

Broudy, Eric. (1979). The Book of Looms: A History of the Handloom from Ancient Times to the Present. University Press of New England.

Downey, Lynn. (2007). Levi Strauss & Co. Arcadia Publishing.

Little, David. (1996). Vintage Denim. Gibbs Smith, Publisher.

Little, David. (2007). Denim: An American History. Schiffer Publishing Ltd.

Mass, William. (1990). The Decline of a Technological Leader: Capability, Strategy, and Shuttleless Weaving, 1945-1974. Business and Economic History (vol. 19, pp. 234-244).

McCandless, David. (1951). A research laboratory for Draper Corporation, Hopedale, Massachusetts. Thesis (M. Arch.) Massachusetts Institute of Technology, Dept. of Architecture.

Harris, Michael. (2010). Jeans of the Old West: A History. Schiffer Publishing Ltd.

March, Graham and Trynka, Paul. (2005). Denim: From Cowboys To Catwalk. Aurum Press Limited.

Marx, W. David. (2015). Ametora: How Japan Saved American Style. Basic Books.

Rivard, Paul E. (2002). A New Order of Things: How the Textile Industry Transformed New England. University Press of New England.

Sims, Josh. (2011). Icons of Men's Style. Laurence King Publishing Ltd.

Sullivan, James. (2006). Jeans: A Cultural History of an American Icon. Gotham Books.

Trynka, Paul. (2013). Cone Mills: The Home of American Denim. Inventory (vol. 4, no. 8, pp. 72-83).

WEBSITES

Cotton

Better Cotton Initiative. (n.d.). Homepage [website].
Cotton Australia. (n.d.). How is it grown? [website].
Cotton's Journey. (n.d.). The Story of Cotton [website].

Spinning

Loomstate. (2013, January 25). Bud Strickland, Cone, and the magnetic appeal of 60s denim [blog post].
Pakistan Textile Journal. (n.d). Slub yarn technology on both Ring and Open-End Frames [website].
Rieter. (n.d.). Ring Spinning: Operating Principle [website].
Wikipedia. (n.d.). Cotton-spinning machinery [encyclopedia].
Wikipedia. (n.d.). Spinning jenny [encyclopedia].
Wikipedia. (n.d.). Spinning mule [encyclopedia].
Wikipedia. (n.d.). Water frame [encyclopedia].

Indigo Dyeing

Barker, Emma. (2013, October 13). The Problem with Indigo [blog post].
Chhabra, Esha. (2015, March 31). Natural dyes v. synthetic: which is more sustainable? [newspaper article].
Maiwa Handprints. (n.d.). Indigo & Woad [PDF].
Mercer, Harry. (2011, May 19). Rope Dyeing Vs Slasher (Sheet) Dyeing [blog post].
Mercer, Harry. (2011, July 29). Sulphur Dyeing In Denim [blog post].
Stewart, Jude. (2013, October 13). Why Are Jeans Blue? [blog post].
Textile Learner. (n.d.). Skein Dyeing Machine [website].
Textile Learner. (n.d.). Slasher/Sheet Dyeing [website].
Wikipedia. (n.d.). Adolf von Baeyer [encyclopedia].

Weaving

Hayward, Stephen. (2013, November 6). Weaving: A Technological History.
Spartacus International. (n.d.). Handloom.
Stewart, Jude. (2013, October 13). Why Are Jeans Blue? [blog post].
Textile Learner. (n.d.). Projectile Weaving Machine [website].
Wikipedia. (n.d.). Draper Corporation [encyclopedia].
Wikipedia. (n.d.). Loom [encyclopedia].
Wikipedia. (n.d.). Northrop Loom [encyclopedia].
Wikipedia. (n.d.). Weaving [encyclopedia].

Fabric Finishes

Cotton University. (n.b.). Homepage [website].
Hakanson, Karin. (1977, April 5). Method of skewing twill fabric to avoid leg twist [patent].
Mercer, Harry. (2010, October 4). Denim Finishing—Fabric Processing for Higher Quality and Profits [blog post].
Sanforized.biz. (n.b.). What is "Sanforized"? [website].

Construction

Cotton University. (n.b.). The Art of Garment Finishing (Part 1 of 6): History [website].
Stewart, Jude. (2013, October 13). Why Are Jeans Blue? [blog post].

Defining Details

Heddels. (2001, May 30). 4 Years Later—Levis vs. Japanese Repro Lawsuit Still Fair Game? [blog post].
Midwest Vintage History. (n.b.). Lee Jeans & Jackets History [website].
Repeat to Fade. (2007, January 18). Levi's against the world [blog post].
The Selvedge Yard. (2009, October 19). History of Denim through the Ages | Western Wear Goes Hollywood [blog post].

Garment Washing and Finising

Bluemasters. (n.b.). Homepage [website].
La Depeche. (1999, October 31). Chez Girbaud, le jean est éternel [newspaper article].

How to Wash and Care for Your Jeans

Zielinski, Sarah. (2011, November 7). The Myth of the Frozen Jeans [blog post].

The Connection between Raw Denim and Heritage Fashion

Wikipedia. (n.b.). Carl Honoré [encyclopedia].
Wikipedia. (n.b.). In Praise of Slow [encyclopedia].
Wikipedia. (n.b.). Slow movement (culture) [encyclopedia].

From Function to Fashion

Levi Strauss & Co. (n.b.). Our Story [website].

The Rise of Vintage Denim and Heritage Fashion

Battista, Anna. (n.b.). Vintage Angel: A. N. G. E. L. O. [blog post].
Kalter, Suzy. (1980, September 15). In Pasadena, R. G. Canning Is Sunday's Hero: He Operates the Rose Bowl Flea Market [magazine article].
Levi's. (n.b.). Our Company: Heritage & History [website].
McColl, Pat. (1991, July 12). The French Feel Right at Home on the Range [newspaper article].
McColl, Pat. (1991, August 31). Megaboutiques Make Their Big Entrance in Paris: Space, Open Doors [newspaper article].
Soble, Ronald L. (1986, March 10). Pasadena's Flea Market One of Nation's Largest : A Super Bowl Between Buyers, Sellers [newspaper article].

Original Title: Blue Blooded
Denim Hunters and Jeans Culture

Original edition conceived, edited and designed by Gestalten

Edited by Thomas Stege Bojer, Josh Sims, Sven Ehmann, and
Robert Klanten

Preface by Thomas Stege Bojer

Texts by Thomas Stege Bojer (pp. 1–17, 26–31, 40–41,
45–51, 68–73, 78–83, 93–97, 106–109, 116–119, 123–158,
163–165, 176–177, 190–191, 196–199, 208–211, 222–223,
242) and Josh Sims (pp. 18–25, 32–39, 42–43, 53–67, 74–
77, 84–90, 98–105, 111–114, 120–121, 166–174, 178–187,
192–195, 200–206, 212–220, 224–238)

Illustrations by Vanessa Obrecht (pp. 124–158)

Cover design by Ludwig Wendt

Cover photography by Ilona Stelzl for Pike Brothers GmbH
Back cover photography by Aryo Wicaksono for Oldblue Co.

Published by Gestalten, Berlin 2016
Copyright © Die Gestalten Verlag GmbH & Co. KG, 2016

Simplified Chinese edition arranged by Gending Rights Agency

版贸核渝字（2023）第 171 号

图书在版编目（CIP）数据

靛蓝的血：牛仔探寻者与牛仔文化 / （丹）托马斯
·斯泰厄·博耶尔（Thomas Stege Bojer），（英）乔什
·西姆斯（Josh Sims）著；张驰译 . -- 重庆：重庆大
学出版社，2025. 6. --（万花筒）. -- ISBN 978-7
-5689-5244-6
　Ⅰ . TS941. 714
中国国家版本馆 CIP 数据核字第 2025RN3084 号

靛蓝的血：牛仔探寻者与牛仔文化
DIANLAN DE XUE: NIUZAI TANXUNZHE YU
NIUZAI WENHUA
[丹] 托马斯·斯泰厄·博耶尔
[英] 乔什·西姆斯　著
张驰　译
刘芳　审校

策划编辑：张　维
责任编辑：石　可
责任校对：谢　芳
装帧设计：鲁忠泽 @typo_d
责任印制：张　策
重庆大学出版社出版发行
社　址：（401331）重庆市沙坪坝区大学城西路 21 号
网　址：http://www.cqup.com.cn
印　刷：天津裕同印刷有限公司
开　本：889mm×1194mm　1/12
印　张：21 ⅔
字　数：474 千
版　次：2025 年 6 月第 1 版
印　次：2025 年 6 月第 1 次印刷
书　号：ISBN 978-7-5689-5244-6
定　价：299.00 元